Coleção "Saúde" -

VOLUMES PUBLICADOS:

1. Controle sua Pressão ..... W. A. Brams
2. Vença o Enfarte ..... W. A. Brams
3. Glândulas, Saúde, Felicidade ..... W. H. Orr
4. Cirurgia a seu Alcance ..... R. E. Rotenberg
5. Ajude seu Coração ..... Vários autores
6. Saúde e Vida Longa pela Boa Alimentação ..... Lester Morrison
7. Guia Médico do Lar ..... Morris Fishbein
8. Vida Nova para os Velhos ..... Heins Woltereck
9. Coma Bem e Viva Melhor ..... Ancel e Margareth Keys
10. O Que a Mulher Deve Saber ..... H. Imerman
11. Parto sem Dor ..... Pierre Vellay
12. Reumatismo e Artrite ..... John H. Bland
13. Vença a Alergia ..... Harry Swartz
14. Manual de Primeiros Socorros ..... Hoel Hartley
15. Cultive seu Cérebro ..... Robert Tocquet
16. Milagres da Novacaína ..... Henry Marx
17. A Saúde do Bebê Antes do Parto ..... Ashley Montagu
18. Derrame — Tratamento e Prevenção ..... John E. Sarno/Marta T. Sarno
19. Viva Bem com a Coluna que Você Tem ..... José Knoplich
20. Vença a Incapacidade Física ..... Howard A. Rusk
21. O Bebê Perfeito ..... Virgínia Apgar/Joan Beck
22. Acabe com a Dor! ..... Roger Dalet
23. Causas Sociais da Doença ..... Richard Totman
24. Alimentação Natural — Prós & Contras ..... Maria C. F. Boog, Denise G. Da Motta e Avany X. Bon
25. Dor de Cabeça — sua Origem/sua Cura ..... Claude Loisy e Sidney Pélage
26. O Tao da Medicina ..... Stephen Fulder
27. Chi-Kong — os Exercícios Chineses da Saúde ..... G. Edde
28. Cronobiologia Chinesa ..... Gabriel Faubert e Pierre Crepon
29. Nutrição e Doença ..... Carlos Eduardo Leite
30. A Medicina Nishi ..... Katsuso Nishi
31. Endireite as Costas ..... José Knoplich
32. Medicinas Alternativas ..... Vários autores
33. A Cura pelas Flores ..... Aluízio J. R. Monteiro
34. Domine seus Nervos ..... Claire Weekes
35. A Medicina Ayur-Védica ..... Gérard Edde
36. Prevenindo a Osteoporose ..... José Knoplich
37. Salmos para a Saúde ..... Daniel G. Fischman
38. Alimentos que Curam ..... Paulo Eiró Gonsalves
39. Plantas que Curam ..... Sylvio Panizza
40. Tudo sobre a Criança ..... Paulo Eiró Gonsalves — Organizador
41. Sucoterapia ..... Giovanna C. Bernini
42. Quando não há Médico ..... Katsuzo Nishi

A MEDICINA NISHI

Dados de Catalogação na Publicação (CIP) Internacional
(Câmara Brasileira do Livro, SP, Brasil)

N638m

Nishi, Katsuzo.
A medicina Nishi : prevenção da doença, manutenção da saúde, tratamento de doenças / Katsuzo Nishi
tradução de Makoto Nomura ; supervisão médica Sérgio
da Silva Moutinho, Yoshie Takano, colaborador Tokugu-
ro Kaneko. -- São Paulo : IBRASA, 1988.
(Biblioteca saúde ;
30)

1. Espírito e corpo - Terapias 2. Medicina - Japão I. Título. II. Série.

CDD-610.952
-615.851
NLM-WA 11

87-2435

Índices para catálogo sistemático:

1. Medicina japonesa 610.952
2. Medicina Nishi 615.851
3. Nishi : Medicina japonesa 615.851
4. Terapias mente-corpo : Medicina 615.851

A Medicina Nishi

Manutenção da Saúde
Tratamento de Doenças

KATSUZO NISHI

Tradução de:
Makoto Nomura

Supervisão Médica:
Elisa Emi T. Okamura
Sérgio da Silva Moutinho
Yoshie Takano

Colaborador:
Tokugiro Kaneko

5ª EDIÇÃO

IBRASA
INSTITUIÇÃO BRASILEIRA DE DIFUSÃO CULTURAL LTDA.
SÃO PAULO

Traduzido do original japonês

MANUAL DE MEDICINA NISHI

Princípios de Saúde Prática

Edição de 1982

Copyright © *1950* by
KATSUZO NISHI

Impresso em 2010
pela Ferrari Editora e Artes Gráficas

Todos os direitos reservados pela
Associação Nishikai do Brasil
R. Otávio Rodrigues Barbosa, 135
Ferraz de Vasconcelos
São Paulo – SP – Brasil

Capa de
CARLOS CÉZAR

Direitos desta
edição reservados à
IBRASA
INSTITUIÇÃO BRASILEIRA DE DIFUSÃO CULTURAL LTDA.

Rua. Treze de Maio, 446 - Bela Vista
01327-000 - São Paulo - SP

IMPRESSO NO BRASIL – PRINTED IN BRAZIL

ÍNDICE

Prefácio 13
Observações introdutórias 15

PRIMEIRA PARTE: CONSIDERAÇÕES GERAIS

1 O homem, como descendente de um homem normal, deve ser saudável 16
2 A medicina japonesa de Naosuke Gonda 18
3 Os quatro elementos fundamentais do princípio de saúde da Medicina Nishi 30
4 Mente e corpo 32
5 O sintoma é uma cura 35
6 O alimento 39

SEGUNDA PARTE: PRÁTICA INDIVIDUAL

1 Seis regras de higiene e terapia da Medicina Nishi 42
(A) Cama reta 42
(B) Travesseiro sólido 43
(C) Exercício do peixe dourado 44
(D) Exercício capilar 46
(E) Exercício de junção das palmas das mãos, das solas dos pés e a cura pelo contato 47
   a) O exercício de junção das palmas das mãos durante 40 minutos 47
   b) Exercício de junção das palmas e solas 49
(F) Exercício dorso-ventral 49
   a) Onze exercícios preparatórios 49
   b) Exercício principal. Por que o exercício abdominal é necessário? Por que o exercício dorsal é necessário? ... 51
   c) O pensamento para melhorar 54
   d) Beber água sem ferver. Os efeitos da água natural 54
2 Os cinco métodos de autodiagnóstico 55
3 Método de quarenta minutos de completo relaxamento 57
4 Método de esticar as costas 58

5 Método de estiramento dos músculos abdominais   59
    a) Método de relaxamento   59
    b) Método de caminhar sobre a areia   59
    c) Método de estiramento das costas   60
6 Relação entre estatura, peito, cintura, peso do corpo, etc.   60
    a) Relação entre estatura e medida da circunferência do tó-
    rax   60
    b) Relação entre estatura, circunferência do tórax e peso do
    corpo   60
    c) Relação entre a superfície do corpo, peso do corpo e
    estatura   61
    d) Relação entre a estatura sentada e o peso do corpo . . .   61
    e) Superfície interna do intestino   61
7 A cura pela nudez (HADAKA)   62
8 O banho quente-frio alternado   64
9 Método escalda-pé alternado   68
10 Método escalda-pé   69
11 Método escalda-pé de quarenta minutos   74
12 Cura cobrindo a perna   75
13 Setenta por cento de compressa fria e quente   76
14 Banho vital (banho abdominal)   77
15 Compressa abdominal   78
16 Método de resfriamento da nuca   79
17 Método de aquecimento do fígado com *konnhaku*   80
18 Método de jato de água   81
    a) Método de jato de água no epigástrio e sobre quinta,
    sexta e sétima vértebra torácica para doença estoma-
    cal   81
    b) Método de jato de água nas solas dos pés, músculos
    cremáster e na parte superior, média e baixa do ab-
    dômen   81
    c) Método de jato de água no períneo   81
19 Método de vinte minutos de banho de água quente   82
20 Queimar o excesso de açúcar e álcool do corpo pelo método da
    corrida   84
21 Método de suprimento de sal   86
22 Método de beber água natural   88
23 Método de reposição de vitamina C   91
24 Método do jejum   98

25 Cura pela dieta de vegetal cru – 1 99
26 Cura pela dieta de vegetal cru – 2 103
27 Cura pela gelatina de alga marinha 105
28 A cura pelo jejum 107
29 A cura pelo vegetal e sopa rala de arroz 113
30 Método ideal de ingestão de alimentos 114
31 Método gradual de ingestão de gordura 116
32 Método de ingestão de vitamina 117
33 Os sete ingredientes aromáticos 119
34 Permissão de açúcar branco 119
35 A cura pela mastigação 120
36 Cura pela mostarda 121
37 Método do movimento do pé 124
    a) Exercício – leque 125
    b) Exercício para cima e para baixo 125
    c) Método para ativar os vasos sangüíneos 126
    d) Método para ativar o coração 126
    e) Método para ativar os rins 127
38 Método de flexão dos membros inferiores 127
39 Métodos especiais para vasos capilares (exercícios) 131
    a) Exercício suspensão capilar 131
    b) Tipóia para o exercício capilar 131
    c) Exercício capilar para os dedos 132
    d) O "borrifar" capilar 132
    e) A metade capilar 132
    f) Exercício capilar de quarenta e cinco graus 133
40 Horai-gueta (tamanco com suporte hemisférico) 133
41 A cura com polaina 134
42 O método de movimento para mulheres, inclusive mulheres
    grávidas 136
    a) Juntar as palmas das mãos e as solas dos pés 136
    b) Método Liebenstein de movimento 138
      1 – Exercício de dobra e estiramento dos pés 138
      2 – Exercício de empurrar os joelhos contra uma força
        oposta 139
      3 – Método de movimento para a pélvis 139
43 Pressão padrão do sangue 140
44 A reação da sedimentação 141
45 Cura pela sugestão 142

46 Método de correção do eixo ótico 143
47 Método de arroz diluído trinta vezes 144
48 Método de misso abdominal ou emplastro de trigo sarraceno . . 146
49 A cura pelo tabaco 148
50 Método de fortalecimento da perna 149
51 Método para fortalecer o braço 150
52 Exercício de corrida para cura de enurese 152
53 Pijama reformado ou camisola ventilada 153
54 Cinta protetora 154
55 A faixa "tanga" higiênica 155
56 Método de suspensão 156
57 Método de andar durante a convalescença 158
58 Método de abertura da forquilha 160
59 Método de descanso de cinco minutos deitado de bruços 161
60 Método gradual de suporte das mãos 162
61 Método do arco dorsal, a posição ventral e o rolamento do corpo 164
62 Cura pela clorofila 165
63 Método clister 167
64 Método do vermífugo 169
65 Método de emplastro de inhame 171
66 As principais causas das doenças: transpiração e os métodos de alimentação 173
67 Receita de sementes secas de gergelim com sal e seus efeitos 176
68 Máximas diárias para a saúde 177
69 Relação entre os dedos e os órgãos internos 178
70 Tratamento pela cor (aplicação dos raios solares) 179
71 Método de reconhecimento da posição da vértebra 182
72 Doenças contra as quais é eficaz dar leves pancadas na sétima vértebra cervical 184
73 Diagnóstico da coluna do Dr. A. Lebrun 187
74 Zona da cabeça 189
75 Combinações incompatíveis com os estímulos dos gânglios . . 190
76 O giroscópio humano, a máquina de beleza e promotor de saúde nº 3 198
77 Sobre a vida 201
78 Conclusão 203

NOTA DA EDIÇÃO BRASILEIRA

Com esta edição é dado conhecimento ao público científico das bases fundamentais da Medicina Nishi. Desde sua fundação, em 1953, a Associação Nishikai do Brasil vem procurando transmitir os conceitos básicos desta Medicina. Encontrou dificuldades iniciais mas, a partir de 30 de Julho de 1983, foi constituído um grupo de estudos que vem dando seqüência a um trabalho pioneiro dentro de normas essencialmente éticas. Nós estamos estudando e transmitindo conhecimentos técnicos desenvolvidos arduamente pelo Autor. Alguns aspectos podem não ser bem compreendidos, aparentemente defasados com a época atual, confundidos misticamente, porém, são exatamente estes aspectos, entre tantos outros, que determinam um desafio que vem sendo vencido pelo grupo de estudos. Embora alguns membros tenham tomado outro rumo, outros permaneceram mantendo a chama viva deste desafio, que começa pela dificuldade da tradução do japonês para o português e se acentua com a interpretação dos dados e conhecimentos que o A. utilizou na época. Embora não sendo distante, do ponto de vista científico, representa uma distância grande, pelo progresso que a ciência vem apresentando atualmente.

A Associação Nishikai do Brasil e seus filiados têm por objetivo divulgar a Medicina Nishi e principalmente seus resultados como vêm sendo obtidos.

NOTA: A Associação Nishikai do Brasil detém todos os direitos sobre todo conteúdo que consta neste primeiro volume de Medicina Nishi, de uma coleção de doze volumes, incluindo aparelhos médicos, medicamentos, etc., ficando proibida a utilização deste material.

PREFÁCIO

Este livro, *Nishi Igaku Kenko Guenri Jissen Hoten* (Manual da Medicina Nishi: Princípio e Prática da Saúde), foi formalmente publicado sob o título de *Nishishiki Hoken Chibyo Hoten* (Manual do sistema Nishi: higiene e terapia), e foi largamente utilizado pelos seguidores deste sistema. A despeito da grande demanda, o livro estava esgotado desde a segunda Grande Guerra. Agora, como tive a oportunidade de reescrever o texto completamente, adicionei um índice e, apresentando novamente sob novo formato, desejo atender a demanda da população.

Desta vez, quando o novo Japão assume uma missão mais importante no mundo, nós nos deveríamos todos levantar vigorosamente em estrita cooperação e com firme resolução. Todavia, considerando o estado atual da saúde pública, nós não podemos ajudar se não nos sentirmos profundamente consternados.

Afortunadamente, depois de mais de vinte anos de popularização do princípio e da prática da Medicina Nishi, estes finalmente foram assimilados a despeito das suas características revolucionárias, tanto no mundo acadêmico bem como no público em geral. Sinto, outra vez, uma satisfação real de que eles tenham sido finalmente reconhecidos como a base fundamental da saúde humana.

Sob tais circunstâncias, a publicação deste livro será especialmente significante.

Eu espero que todos vocês façam bom uso do mesmo.

KATSUZO NISHI

Início do outono de 1949

OBSERVAÇÕES INTRODUTÓRIAS

1. Este livro tenciona explicar, resumida e simplificadamente, todos os métodos necèssários para a prática do princípio da Saúde da Medicina Nishi.

2. As bases teóricas, literárias e as fontes são tratadas em outros livros.

3. O princípio de Saúde da Medicina Nishi é para ser praticado pela pessoa saudável na preservação de sua saúde, mas ele pode ser utilizado pela pessoa doente, para a restauração da saúde original.

4. O texto está dividido em duas partes: Considerações Gerais e Prática Particular.
Na primeira parte, tentei facilitar a compreensão dos princípios de saúde e, na segunda parte, ilustrei os métodos práticos na forma concreta e detalhada.

5. Com este livro, você será capaz de praticar a Medicina Nishi em qualquer lugar e tempo, facilmente, e de modo que se tornará parte de sua vida diária.

6. Desde a publicação da Medicina Nishi, como ela está ainda em evolução, as pessoas que a praticam deveriam manter um estreito contato com meus livros, com minhas conferências e o periódico *Nishi Igaku* (A Medicina Nishi). Aqueles que assim o fizerem assumirão melhor compreensão da essência da Medicina Nishi, assim como farão suas práticas mais satisfatórias e bem sucedidas.

PRIMEIRA PARTE: CONSIDERAÇÕES GERAIS

1. O homem, como descendente de um homem normal, deve ser saudável

Recentemente, o estudo da proteína teve grande progresso e desvendou um pouco a origem do organismo vivo, mas o mistério da vida parece estar ainda com um véu muito espesso para ser removido com facilidade. Como se iniciou o mecanismo do desenvolvimento do homem, a partir da união em primeiro lugar do espermatozóide do homem com o minúsculo óvulo que amadurece no ovário da mulher e que desce para o útero? Após nove meses de um crescimento intra-uterino, o bebê deixa o corpo da mãe através de um trabalho divino, a "entrega", que também é um mistério. Leva cerca de 25 anos para o homem atingir a maturidade, abrangendo cerca de 7 anos de infância que ele passa sob os cuidados maternos.

Segundo os estudos dos cientistas, um organismo vivo pode viver mais de 5 vezes a duração que gasta para atingir a maturidade. Se for o caso, então, a duração da vida de um ser humano deveria ser de 125 anos. Quando consideramos a vida do homem na sua criação e no seu desenvolvimento, não podemos evitar de descrevê-la como uma coisa "misteriosa".

Como se faz a combinação de um óvulo e um espermatozóide, ambos de proporções microscópicas, criar um indivíduo com um corpo tão semelhante ao dos seus pais? Enquanto o bebê ainda não tem meios de se proteger a si próprio, sua aparência, seu sono inocente, riso e choros, seus movimentos e vida, tudo isso expressa nada mais do que amor. Por causa deste amor, a mãe sente júbilo. Diz-se que uma mãe que tem uma criança aleijada ama esta mais do que aquela sadia. Poderá alguém, por mais perverso que seja, injuriar uma criancinha? A razão por que a vida do bebê expressa tal amor talvez não possa ser explicada teoricamente. Ele não é um adulto em tamanho reduzido, mas tem a sua aparência peculiar que expressa somente amor. Não será este um mistério também?

O homem anseia por tudo o que é extremamente verdadeiro, virtuoso e belo. Ele idealiza isso e chega à idéia de Deus. Em outras palavras, Deus é o símbolo idealizado e dotado pelo homem de todas as variedades imagináveis de verdade, virtude e beleza.

Assim como o homem tem qualidades selvagens de um animal, também possui características piedosas que são, como foram mencionadas acima, o símbolo idealizado da verdade, virtude e beleza. Ele expressa um feito piedoso, tanto pelo seu corpo como pela sua mente. Devido a isso é que se diz que o homem tem em si muitos aspectos que são indícios da existência de Deus. Estas características são geralmente observadas em todas as criaturas, substâncias e fenômenos do universo. Isto não pode ser explicado teoricamente, porque a ciência ainda não atingiu tal grau de progresso. Contudo, a existência de Deus, tanto no pensamento do homem como na sua vida diária, não pode ser questionada. Há, talvez, no mundo, algumas pessoas apáticas que não reconhecem a existência de Deus. É uma pena que elas não sejam suficientemente sensíveis para senti-lo. Assim como os cegos não podem perceber a existência da luz, e o surdo do som, a estas pessoas falta o senso para perceber Deus.

Sontoku Ninomiya, um erudito muito realista, que era economista, expressou seu pensamento, como se segue:

Embora sem voz
ou sentido
Céu e Terra
nunca cessam de recitar
Sutras que não foram escritas.

Tudo o que observamos na natureza – o movimento dos corpos celestes, a mudança de estações, o correr das águas, os fenômenos do vento, chuva, raio, granizo, nuvens, neblinas, o crescimento e desenvolvimento da vida humana, as colheitas que são semeadas na primavera, que crescem no verão e são colhidas no outono e assim por diante – são tudo sutras que não foram escritas, embora elas não tenham nem voz, incenso ou literatura. Elas nada são se não o caminho da verdade ou da majestosa proeza do céu, na qual não podemos deixar de reconhecer a própria existência real do Céu.

O ser humano
tendo herdado diretamente
a natureza celestial
nunca cessa de recitar
sutras que não foram escritas.

Não deveriam existir doenças que ameaçassem a vida do ser humano, que herdou sua vida diretamente do Céu. O homem deveria herdar a proeza do céu e legá-la à posteridade, dividir a prosperidade e o desenvolvimento com o Céu e a Terra bem como com todas as criaturas e coisas do universo. Ele deveria gozar a graça do Céu e, portanto, ser alegre, saudável e feliz. Este é o mundo a que a Medicina Nishi almeja e pretende realizar.

2. A medicina japonesa de Naosuke Gonda

Naosuke Gonda foi sacerdote-chefe da Igreja de Afuri na província de Sagami. Nasceu em Kero-Hongo, distrito de Irima, província de Musashi em 13/01/1809, de uma família de médicos (seu pai, Kajuro, e seu avô eram médicos). Naosuke reconheceu desde cedo um abuso de medicamentos nas medicinas chinesa e ocidental e quis reviver a antiga arte de cura japonesa. Dessa forma, ele se tornou aluno do Instituto Kifukinomiya, onde dominou os clássicos japoneses e a essência da medicina japonesa. Descreveu o resultado desse seu estudo em muitos de seus livros, entre outros, *Ido Hyakushu* (Cem poemas sobre a arte de cura japonesa) que expressam a própria essência da antiga arte de cura. A fundação da Medicina Nishi deve muito aos seus estudos. O livro é inteiramente composto de poemas japoneses, tendo cada um deles 31 sílabas. Ele foi escrito no antigo sistema de escrita Manyo. O título menciona "cem", mas o livro na verdade contém cento e cinqüenta poemas. Escolhi dezesseis deles para comentá-los.

O primeiro poema:

A arte de curar
se originou
do Deus Kamimusubi
e da Deusa
Mioya.

Existe a seguinte história no *Kojiki* (composições antigas), o livro mais antigo do Japão, que foi compilado por Ono Yasumaro, a pedido do Imperador em 712 d.C. "Yakami Hime, uma jovem, recusou as propostas de casamento de muitos deuses, mas aceitou a de Onamuchi. Os deuses ficaram furiosos e planejaram matar Onamuchi. Quando chegaram a Yamamoto Tama, na província de Hiki, disseram-lhe: "Nessa montanha vive um javali vermelho. Nós iremos trazê-lo para baixo. Você deverá esperá-lo e agarrá-lo, caso contrário ele o matará". Eles aqueceram em uma fogueira uma pedra grande, muito semelhante ao javali, e a rolaram para baixo. Onamuchi foi atrás dela e agarrou-a, morrendo queimado. Mioya no Kami, sua mãe, chorando e lamentando, subiu ao Céu e pediu a Kamimusubi no Kami para ajudá-la. Ele consultou 2 deuses Kisagai-Hime (princesa da concha) e Umuki-Hime (princesa dos moluscos) para reviverem o homem morto. Kisagai-Hime ajuntou as aparas de sua concha e Umuki-Hime trouxe água e deu isto como um leite materno ao falecido. O homem recuperou-se, ficou jovem e belo e era capaz de caminhar novamente. Deste modo, Kamimusubi trouxe Onamuchi à vida novamente.

Segundo poema:

Os deuses Onamuchi
e Sukuma
corretamente fundaram
as leis e métodos
da arte da cura.

"O volume de Shindai" ("A idade dos Deuses"), do mais antigo livro de história do Japão, Nihongi (crônicas do Japão), diz o seguinte:
"Os deuses Onamuchi e Sukunahikona auxiliaram a administrar a cidade abaixo do Céu. Eles descobriram o modo de tratar as doenças em benefício do povo e do gado. Descobriram também um método mágico de manter afastados os pássaros perniciosos, feras, répteis e insetos. Desta forma, todo o povo, até mesmo os fazendeiros, devem muito a eles em muitos sentidos"

O terceiro poema:

A arte de curar
criada pelos deuses
foi transmitida através das gerações
oralmente
ao mundo do homem.

Ingyo-Tennooki (Crônicas do Imperador Ingyo) de Nihongi diz:

"Príncipe Oasatsumawakuko-No-Sukune disse, recusando o sinete imperial, "infelizmente estou sofrendo de uma longa e dolorosa doença que me impede de caminhar. Eu tentei a cura através de automutilação na esperança de me livrar dela sem nada dizer ao Imperador".

A arte de curar estabelecida pelos deuses foi transmitida à posteridade de modo que até mesmo um príncipe se curou a si próprio. Este documento mostra que as pessoas, quaisquer que sejam, tinham conhecimento suficiente da arte de curar e podiam praticá-la.

Quarto poema:

Embora a palavra médico
não existisse
nos tempos antigos
a arte de curar era
transmitida ao povo.

Este poema diz que a arte da medicina era difundida entre o povo no Japão antigo embora a palavra "médico" não fosse ainda conhecida.

Agora pretendo divulgar a Medicina Nishi ao público em geral, a fim de deixar de lado a medicina profissionalizante que requer médicos e para-médicos, assim por diante. Meu propósito não é outra coisa senão colocar em prática esse poema.

Quinto poema:

A palavra médico
deve ter surgido
após a chegada
dos médicos chineses
em nosso país.

O poema significa que a palavra "médico" deve ter surgido depois que os médicos chineses chegaram ao Japão. Como vimos acima, as pessoas não precisavam de profissionais especializados graças ao seu próprio conhecimento da terapêutica da época. Tenho me esforçado por mais de 20 anos para ver a realização desta epopéia em nosso tempo.

Oitavo poema:

Desde que as pessoas
se acostumaram
aos métodos chineses
a antiga arte de curar
provavelmente começou a declinar.

A corte imperial procurou bons médicos no reino da *silla* no primeiro mês do terceiro ano de reinado do imperador Ingyo (414 d.c). No oitavo mês do mesmo ano, 2 médicos chineses, Chin-Pa-chan e Ken Chi-Wu, vieram para curar a doença do Imperador. Este foi o início das atividades médicas em nosso país. A seguir, no sexto mês do 14° ano, sob o reinado do Imperador Kimmei, doutores em medicina, profecias, história e outros chegaram ao Japão. A estes se acrescentam os que colecionavam plantas medicinais. Todos foram ordenados a servir à corte. Isto se tornou um costume estabelecido até a era dos Imperadores Temmu (637-685 d.C) e Jito (686-696 d.C), o que resultou na formação de médicos, uso já bastante divulgado na China. Conseqüentemente, a maioria das pessoas perdeu o interesse na tradicional arte de curar, o que inevitavelmente levou ao seu declínio.

Nono poema:

No reinado de Daido
a antiga arte de curar
a qual havia declinado
foi revivida
em sua forma original de prática.

Foi por vontade do 51° Imperador Heijo que a antiga arte de curar do Japão foi revivida da mesma forma como ela era praticada, antes do advento dos médicos chineses. Daido é o nome do reinado do Imperador Heijo.

Décimo poema:

Abe-no-Asomi
e Izumo-no-Muraji
editaram conforme o
decreto imperial
o livro de Daido.

O livro de Daido significa *Daido Ruijuho* (receitas catalogadas do Daido). O poema confirma que este livro foi editado por estes dois médicos da corte, conforme a ordem do Imperador Heijo Nihonkooki (Crônicas sucessivas do Japão) e explica a situação da seguinte maneira:

"Na corte imperial, (um cortesão) disse ao Imperador: "Sinto-me humilde diante da matéria de Sua Majestade. Soube que a hábil arte de Changsang depende do efeito da infusão e *moxas* e que a técnica secreta do T'ai-i era somente eficaz com auxílio da acupuntura. O poder da medicina teve maior alcance, nunca falha e salva a vida de perigos iminentes. Contudo, a maior parte das coleções de prescrições foram perdidas. Entretanto, Sua Majestade desejava obter a série completa de receitas antigas e drogas benéficas compiladas. Sua Majestade informou a sua brilhante idéia e planejou divulgar amplamente a prática antiga da arte da cura. Para esse propósito, Sua Majestade ordenou ao ministro do Direito que o médico da corte Izumo-no-Muraji Hirotada e outros médicos da corte classificassem e editassem receitas, de acordo com os distritos dos quais os remédios se originaram. A fim de executar a ordem imperial, pesquisamos e estudamos profundamente. Nenhum distrito se omitiu no que diz respeito ao nosso humilde conhecimento. Pelo menos cem volumes foram compilados. Denominamos de livro Daido Ruijuho. Agora informamos respeitosamente a Sua Majestade que através de exame detalhado chegamos à conclusão de nossas pesquisas. Contudo, pelo fato de nós não estarmos familiarizados com as receitas de tanto tempo atrás, os rodapés e comentários são um tanto confusos. Nossa capacidade não está apta a investigar matérias antigas e mais ainda nosso conhecimento de coisas contemporâneas é diminuto. Ainda mais, nossa percepção é estreita, como se estivéssemos olhando através de um tubo, de forma que haverá certamente muitos erros. Por isso, estamos realmente temerosos e envergonhados de que essa nossa compilação não esteja à altura de corresponder à solicitação e benevolência de Sua Majestade. Com o nosso máximo respeito e humildade, informo a Sua Majestade sobre a conclusão dessa edição e a nossa insuficiência. O Imperador reconheceu isso".

Foram essas as circunstâncias sob as quais o livro foi editado.

Décimo primeiro poema:

O livro,
o segundo em importância
imediatamente depois do livro Daido,
é o Jin'iho, editado pelo
Tamba-no-Sukune.

Jin'iho (a arte de curar legada pelos deuses) foi editado por Tamba-no-Sukune no décimo ano da era Jogan (868 d.C.).

Décimo segundo poema:

Apesar da existência
do livro de Daido,
Jin'iho transmite
a versão correta
da arte de curar.

O poema diz que, embora haja o Daido Ruyjuho, a antiga arte de curar é transmitida mais precisamente no Jin'iho. Daido Ruyjuho oferece mais tipos de receitas, mas não menciona os princípios e leis fundamentais, ao passo que o Jin'iho discute antes essas matérias essenciais, descrevendo em seguida as receitas dos medicamentos. Por esta razão o poema afirma que Jin'iho relata a versão correta da arte de curar.

Décimo sexto poema:

Nunca cessaram
de pôr para dentro e para fora
ama-no-honoke e
tsuchi-no-mizuaji.
Aquele é o caminho normal do homem.

O poema anteriormente citado explicou a origem do Jin'iho e mencionou sua importância como livro que transmite mais adequadamente a prática da arte de curar. Já no décimo sexto poema, o autor finalmente trata do princípio fundamental da arte de curar.

Ama-no-honoke e tsuchi-no-mizuaji significam respectivamente o ar e os produtos da terra, tais como os 5 cereais, carne e peixe, frutas e vegetais, sal, água fresca que crescem ou provêm da terra e que são utilizados pelo homem como alimento.

O poema afirma que o homem respira o ar, preenchendo o espaço entre o Céu e a Terra, come os produtos acima mencionados da terra e absorve as suas substâncias nutritivas e finalmente evacua os resíduos como as fezes e a urina. Se isto acontecer regular e perfeitamente, a pessoa será sempre saudável. O estado normal do homem deverá ser saudável, sendo a doença uma anormalidade. Em outras palavras, é normal um homem ser saudável.

A passagem a seguir foi extraída de um volume de *Shang-ku Tienchinlun* (A verdade segundo o preceito divino da arte de curar do antigo filósofo) de Su-wen (questões fundamentais):

"Nos tempos antigos, houve um homem de grandes conhecimentos. Ele cooperou com o Céu e a Terra, com o domínio da dualidade de Yin e Yang, respirava Ching-ch'i (espírito energético) e era independente o suficiente para conservar o espírito divino".

E "Shen-ch'i T'un-t'ien lun" (Espírito vital com alcance até o Céu), do mesmo livro, afirma:

"Um filósofo se comunicou com o poder vital do universo, respirou t'ien-ch'i e t'ien-ch'i significa a mesma coisa que ama-no-honoke que quer dizer ar. Ar é o que todas as criaturas no universo respiram para manter suas vidas. Mais exatamente, os animais inalam o oxigênio do ar e exalam o dióxido de carbono, enquanto as plantas inalam dióxido de carbono, assimilam-no e exalam o oxigênio. Existe, portanto, uma cooperação inviolável entre animais e plantas. Estou convencido de que os animais não somente aspiram o oxigênio como também o nitrogênio e outros gases que são utilizados para a síntese da proteína. Caso contrário, animais que se alimentam de vegetais, tais como as vacas, cavalos, cabras, carneiros etc., que se alimentam exclusivamente de capim, não seriam capazes de produzir a quantidade de proteína e gordura como eles o fazem. Certamente, eles absorvem nitrogênio, principalmente através da pele e sintetizam-no em proteína. Precisamos levar em conta que a ingestão de proteína animal se tornou necessária ao homem devido à função de sua pele, que se modificou desde que ele começou a vestir roupas."

Outro livro chinês, *Ch'i-hai Kuan-lan*, afirma:

"A terra é um corpo enorme num oceano de ar. Ela produz ch'i (espírito) que é rodeado completamente por ele. A isso chamamos de cama-

da atmosférica... A parte mais baixa desta camada cobre a terra. É o ar que o homem respira e de que vive".
Ch'i aqui não é outra coisa senão o ar ou ama-no-honoke.

Décimo oitavo poema:

Coisas anormais
que se agarram e se colam
ao interior
e fazem mal
são chamadas doenças.

Este poema define a doença. Ele afirma que aquilo que é anormal, apega-se e faz mal chama-se doença e não deveria existir no corpo. Entre as coisas que não deveriam permanecer no corpo, primeiramente precisamos considerar as fezes estagnadas. O alimento, uma vez ingerido pela boca, é digerido pelo estômago, seus elementos nutritivos são absorvidos pelo intestino e os materiais residuais são completamente evacuados. Se o processo segue normalmente, tudo vai bem e no corpo não surge doença.

Contudo, pelo fato de cobrirmos o corpo com roupas, o funcionamento do fígado tornou-se apático. As roupas fazem-nos transpirar e perder muita água e outras substâncias. As fezes tornam-se ressecadas e, ao invés de serem evacuadas totalmente, permanecem parcialmente no corpo.

A estagnação das fezes perturba o funcionamento do estômago. As toxinas, produzidas no processo de decomposição, são absorvidas pelo sangue. O sangue intoxicado dilata os vasos sangüíneos cerebrais, especialmente do centro nervoso dos membros, fazendo-os sentir frio. Problemas nos membros inferiores provocam perturbações renais que, somadas às lesões dos membros superiores, do coração e do pulmão, agravarão o estado do paciente.

Tomar café da manhã também perturba o funcionamento do fígado. Roupas grossas e quentes impedem a função da pele. Desta forma a purificação do sangue é incompleta e as toxinas ficam retidas no sangue.

Assim, concluímos que os distúrbios orgânicos surgem no corpo em decorrência das fezes estagnadas e toxinas cristalizadas que se acumulam no sangue.

Por estas razões, tenho defendido que as fezes estagnadas, bem como problemas dos pés e pele doentia, a ingestão do café da manhã, etc. causam todas as doenças. O princípio de saúde da Medicina Nishi e a sua prática ensinarão a você como evitar que as fezes se estagnem e como eliminar completamente as toxinas do sangue.

Quadragésimo segundo poema:

Os poros da pele
não cessam de expelir
honoke-no-sue
de modo que não se deve nunca
deixá-la bloqueada.

A pele não somente determina a liberação dos gases tóxicos, sub-produtos do processo das atividades diárias, mas também filtra e elimina através das glândulas sudoríparas materiais de refugo do sangue. No poema, estas duas funções foram expressas pela palavra "poros" da pele. *Honoke-no-sue* significa os gases e materiais residuais. Normalmente a transpiração é gasosa porque ela se evapora. O bloqueio dos poros respiratórios indica um distúrbio da ação purificadora do corpo. Está é a razão por que precisamos sempre ter cuidado em manter um bom funcionamento da pele.

Quando a pele se torna demasiadamente impura, para manter sua função normal, resulta a febre tifóide. As toxinas são neutralizadas por um ataque de febre e as glândulas sudoríparas filtram-nas e empurram-nas através dos poros bloqueados. Este fenômeno é chamado de transpiração. Esta é a forma como a febre tifóide, bem como um simples resfriado e outras doenças febris são curadas.

O conhecido odor da transpiração provém do odor dessas toxinas. Elas são eliminadas naturalmente, pelo corpo inteiro, mas esta secreção fica concentrada na sola do pé e na região perineal. Portanto é um item de higiene importante lavar estas partes todos os dias e mantê-las sempre limpas. É preciso conhecer quão importante é para a saúde o uso de meias limpas, cuecas, calcinhas, etc. e evitar o mau odor.

No *Cheng-ch'i T'ung-t'ien* Lun do Su-wen afirma:

"Quando o espírito *yang* está vazio, *ch'i-men* (o portão do espírito) se fecha". A nota explica *ch'i-men* como um pequeno órgão com resíduos do espírito da nutrição. Assim este órgão foi denominado de *ch'i-men*.

Este espírito da nutrição elimina gases residuais no sangue. Por isso este órgão é denominado *ch'i-men*, o portão através do qual os gases se dispersam.

Outro livro médico, *Ihanteiko*, afirma: "Este vapor quer dizer transpiração e o livro afirma que os poros eliminam suor em forma de vapor aquoso. A transpiração deve ser gasosa. A transpiração úmida é anormal e quebra o equilíbrio do "ser". É por isso que precisamos nos reabastecer de água, sal e vitamina C (na forma natural) em caso de uma transpiração úmida."

Sexagésimo poema:

Não adianta
cortar e dissecar
o corpo morto em pedaços
e tentar explicar
o mecanismo da vida.

Que crítica severa e mordaz sobre a medicina moderna! Não importa quão delicadamente o corpo sem vida possa ser dissecado, ele oferece no final o conhecimento do morto e não do vivo. Os que morrem por doença ou são executados através de crime podem ser dissecados, mas é impossível dissecar um corpo vivo. Portanto a medicina baseada no conhecimento da autópsia é, no final, uma medicina de indivíduos doentes ou criminosos. Aqui está novamente uma das razões fundamentais por que a medicina moderna deve ser radicalmente substituída pela Medicina Nishi.

O pioneiro da autópsia em nosso país foi Gempaku Sugita que nasceu no décimo oitavo ano da era Kyoko (1732 d.C.) em Edo (atual Tokyo). Seu pai, Hosen, foi um especialista da cirurgia holandesa, serviu o Lorde de Sakai (Província de Wakasa) e manteve um domínio feudal de 250 koku. Sua mãe, membro da família Oida, morreu no trabalho de parto, logo após o nascimento de seu filho Gempaku. Na idade de 17 ou 18 anos, ele aprendeu cirurgia com Gentetsu Nishi, um médico do Shogun e estudou a história chinesa e clássicos do Ryumon Miyazawa. Com a idade de aproximadamente 22 anos, Gempaku foi muito estimulado pelo seu companheiro Kosugi, que defendeu a antiga arte de curar, revivida por Toyo Yamawaki, Todo Yoshimasu em Kyoto. Gempaku e Ryotaku Maeno visitaram Bauer, um cirurgião holandês em seu alojamento, e verificaram a fineza e a exatidão da medicina holandesa. A 4 de março de 1771, Gempaku teve a oportunidade de assistir à dissecação do corpo de uma mulher em Kozukahara. Convencido da importância da medicina holandesa, ele decidiu juntamente com seus companheiros Ryotaku Maeno Jun e Nakagawa, Hoshu Katsuragawa, Genjo Ishikawa e Seitetsu Kiriyama verter para o japonês a edição holandesa do *Atlas Anatômico* do médico alemão Kulmus. Quatro anos após haverem reescrito o manuscrito onze vezes, *Kaitashinsho* (novo livro de anatomia) foi finalmente publicado em agosto de 1774 em 4 volumes. Este livro foi o precursor da medicina ocidental no Japão.

A seguir Genzui Udagawa estudou seriamente por 10 anos um livro da medicina holandesa sobre os órgãos internos introduzido por Hoshu Katsuragawa e escreveu *Seisetsu Naika Senyo* (a essência da medicina interna segundo a teoria ocidental), o primeiro livro sobre a medicina interna holandesa no Japão. Este livro tornou-se tão popular que muitos se devotaram a esta teoria, sobre autópsia e dissecação patológica e passaram a praticá-las com freqüência. Por esta razão Naosuke Gonda deplorou tal tendência e criticou-a severamente.

Centésimo quadragésimo quarto poema:

O corpo humano
põe para dentro e para fora
ama-no-honoke
e tsuchi-no-mizuagi e
nada mais pode nutri-lo.

Este poema afirma que, com exceção do *ama-no-honoke* (ar fresco) e *tsuchi-no-mizuaji* (cereais bons e frescos, vegetais, carne, sal e água) nada mais pode nutrir o corpo humano. Não há razão para a existência de vitaminas preparadas e remédios para promover a nutrição, tais como os existentes atualmente. Não é aconselhável buscar vitaminas em outras fontes além dos alimentos. "Ts'ang-ch'i fa'shin hen" do Su-wen afirma: "Os cinco cereais de nutrição, associados às cinco frutas, às cinco carnes (criações de animais) que fazem bem e aos cinco vegetais que saciam, ingeridos na proporção adequada, podem levar o espírito a aumentar a nossa vitalidade."

Todo Yoshimasu afirma na seção "Cenoura" sobre seus Yakucho (efeitos da medicina): "Suprir a força vital por meio de cereais, carne, frutas e vegetais é o nosso método. Raízes de ervas e cascas de árvores não foram nunca utilizadas com este propósito. O Taoísmo deu origem a esta teoria. Seus livros afirmam que estes elementos possuem o poder de prolongar a vida. Tratar bem nosso espírito é considerado como o propósito final para os Taoístas. Desde o tempo de Ch'en e Han sua teoria enfatiza Yin e Yang, os cinco elementos naturais e a força vital e tem triunfado tanto que não poderíamos nunca refutá-la. Por causa disto, a arte de curar tem empobrecido. Como poderei eu deplorar esta orientação?".

Como afirma Yoshimasu, o uso de raízes e cascas veio do Taoísmo. Extrair elementos eficazes a partir das raízes e produzir drogas é extremamente errado. A visão de Gonda é realmente digna de louvor. Todos os medicamentos, as drogas da Medicina Nishi, são feitos de alimentos. Elementos que não são comestíveis não são nada mais que toxinas para o corpo humano. Elas não podem curar a doença, nem melhorar a saúde. Este poema é suficientemente majestoso para persuadir a moderna medicina a reformular inteiramente a direção de suas pesquisas. Esta idéia também se originou da antiga arte de curar.

Centésimo quadragésimo quinto poema:

Mantendo como base
a apropriada arte de curar
do Japão antigo
poderemos selecionar e adotar
também idéias estrangeiras.

Este poema quer dizer que, com base na medicina correta transmitida pelos antigos deuses do Japão, poderemos aprender boas coisas do estrangeiro. Ele adverte severamente a nossa atenção: uma vez que a civilização estrangeira foi introduzida, tendemos a rejeitar tudo o que é nosso, incluindo bons costumes e maneiras, e adotar tudo o que vem de fora, indiscriminadamente. Considerando a situação atual de nosso país, estou profundamente convencido de quão valioso é este ensinamento.

Quando a cultura e civilização chinesas foram importadas para o Japão, em larga escala, pelas mãos dos emissários enviados à China na dinastia de Tung, Michizane Sugawara alertou seus contemporâneos, com a famosa frase "Espírito japonês e aprendizado chinês" e advertiu-os a aprender ensinamentos dos outros povos avançados e impor suas próprias fraquezas. Devemos também adotar a cultura superior do estrangeiro, reforçando nossa civilização tradicional e reconstruindo um país próspero.

Fundei a Medicina Nishi, juntando a tradicional arte de curar japonesa como uma base a que adicionei as essências dos métodos de medicina européia, americana, chinesa, indiana e outras. Entretanto o sistema global da Medicina Nishi está baseado na medicina própria de nossos ancestrais e é composta de selecionadas essências estrangeiras da mesma forma que Gonda advogou em seu poema.

3. Os quatro elementos fundamentais do princípio de saúde da Medicina Nishi

Littré-Gilbert define Medicina em seu dicionário médico (publicado em 1936) como: "art qui a pour but la conservation de la santé et la guerison des maladies" (a arte que tem como objetivo a conservação da saúde e da cura de doenças). Entretanto a arte médica deve ser capaz de levar a cabo estes dois objetivos, caso contrário não está à altura do seu nome. Não é necessário discutir aqui, de novo, se a medicina moderna tem sido capaz de atingir esses dois propósitos ou não. A Medicina Nishi se define a si mesma no *Katei Igaku Hokan* (Tesouros da medicina caseira) da seguinte maneira: ·

"A Medicina Nishi é uma filosofia, uma ciência, uma religião e uma técnica da natureza." Em outras palavras, é uma maneira de entender o princípio fundamental de higiene e terapia unindo sempre mente e corpo (tornando-os Um e mantendo o seu equilíbrio).

A Medicina Nishi também é definida da seguinte forma:

"A Medicina Nishi é um método que tem a mente e o corpo unificados como "UM". Este estado é expresso por: (1) a cor sadia do corpo, (2) a adequada agudeza dos nove sentidos, (3) a firmeza de todo o mecanismo, composto de conscientes e subconscientes que serão observados por nós mesmos e pelos outros (mecanismo = a composição dos fenômenos reconhecíveis como um organismo que sempre mantém identidade própria como um todo, que sempre mantém a unidade reagindo às mudanças das condições do interior e do exterior e que são distinguíveis dos outros), (4) membros simétricos e bem balanceados, (5) a habilidade de sempre apreciar a comida simples".

Os nove sentidos acima mencionados significam os seis sentidos (visão, audição, olfato, paladar, tato e consciência) mais os sensos Alaya, Mama e Amala.

Novamente outra definição: "A Medicina Nishi é uma ciência que considera os quatro elementos do homem: pele, nutrição, membros e mente (psique) como "UM", evitando que todos eles se tornem i separados ou diferentes, capacitando-nos a sermos cheios de vitalidade e levando-nos a completar os desenvolvimentos naturais da vida". Esses quatro elementos do homem são chamados também de 4 fatores primários, os 4 elementos básicos ou apenas os quatro elementos do princípio de saúde da Medicina Nishi.

No estágio inicial da fundação da Medicina Nishi, percebi intuitivamente que o tetraedro seria a chave para a revelação das incógnitas mais interiores dos fenômenos naturais dentro da estrutura universal. Quando considerei essas coisas de conformidade com esse universo, tudo se tornou claro como se eu tivesse achado uma tocha na escuridão. Aqui está a explicação da Medicina Nishi de acordo com o tetraedro.

Na figura 1, *A* representa o plano da terra do tetraedro; *B* o plano vertical; *C* outro plano vertical visto de modo a colocar uma de suas faces retangulares com a face de incidência e *D* outro plano vertical visto obliquamente da parte inferior.

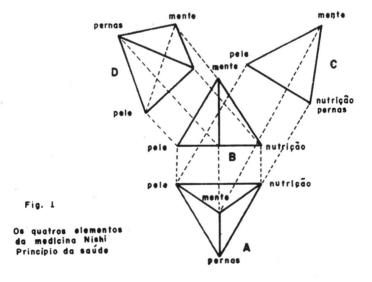

Fig. 1
Os quatros elementos da medicina Nishi
Princípio da saúde

31

No plano *A*, se a pele, a nutrição e as pernas estão colocadas respectivamente à esquerda, direita e nos vértices frontais do triângulo da base, a mente deverá estar colocada no topo do vértice porque ela tem a função de supervisionar e controlar os outros três. Desse modo, os 4 vértices do tetraedro simbolizam os 4 fatores primários de saúde. Eu os marquei nos seus lugares correspondentes nos planos *B*, *C* e *D*, a fim de facilitar sua compreensão.

Primeiramente, você deve reconhecer que somente poderá gozar de boa saúde quando houver harmonia entre a pele saudável – incluindo as várias membranas das mucosas –, a nutrição bem preservada e preparada racionalmente – pernas saudáveis e bem simétricas –, e desde que a mente seja lúcida o suficiente para pensar e julgar corretamente sem negligenciar qualquer detalhe e sem cometer erros fundamentais. É necessário que haja proporção suficiente para tolerar o puro e o impuro. Simplificando, a pele pode causar qualquer doença exatamente como a nutrição, as pernas ou a mente. A expressão contrária de que a pele é a base da saúde e assim por diante também é possível.

Aqueles que pretendem discutir a matéria de saúde devem ter a visão correta desses 4 elementos da saúde, além de saber como unificá-los no saudável "UM", como evitar e curar doenças de modo que possamos ser saudáveis e ter uma vida feliz.

Os vários métodos apresentados abaixo nada mais são do que meios para atingir este propósito.

4. Mente e corpo

Desde os dias mais antigos, o espiritualismo acrescenta importância à mente, enquanto que o materialismo acentua a importância da matéria. Mas nenhum dos dois é racional. É natural e correto que a mente e o corpo sejam unidos.

Contudo, o homem é tão altamente desenvolvido e seus nove sentidos trabalham tão perfeitamente que ele finalmente obteve a habilidade de objetivamente observar a si mesmo deixando de lado sua própria individualidade. Esta é a razão por que o homem pode pensar, em uma ocasião, espiritualmente e em outra materialmente. Ainda mais, estudos tradicionais marcaram com uma aguçada distinção a diferença entre espiritualismo e materialismo, de modo que nenhum termo científico conseguiu uni-los. Eles têm sempre caminhado paralelamente um com outro. Entretanto o relacionamento entre eles foi inteiramente esquecido.

No primeiro estágio do estabelecimento da Medicina Nishi, eu defendia que todos deveriam praticar o exercício dorso-ventral (o último das leis da terapia higiênica) e então pensar incessantemente em melhorar, rezar para se reestruturar e acreditar em se tornar mais virtuoso. Fazendo isso enquanto estamos humoralmente e neurologicamente bem equilibrados (através do exercício dorso-ventral) ficamos melhores espiritual e materialmente (saúde, moralidade, comportamentos, ...). Em outras palavras, o mal tornar-se-á bom, o incapaz, capaz e o imoral tornar-se-á moral. Se for este o caso, como poderemos explicá-lo cientificamente?

Excluindo a água, a maior parte das substâncias que compõem o corpo humano são proteína. A proteína reage muito acentuadamente à concentração de ions de hidrogênio no fluido do corpo. O valor normal de pH do fluido do nosso corpo é mantido entre 7.2 e 7.4 pela associação e dissociação do radical carboxila (COOH) e radical amino (NH2) de aminoácidos, componentes da proteína. Na variação acima mencionada, qualquer pessoa tem seu valor fixado, por exemplo 7.2 ou 7.3. O meu é 7.26 toda vez que é medido. Se a saúde for perturbada demasiadamente, o corpo e a mente para manterem seus valores de pH normais, reagem com febre, diarréia, sintomas que resultam em vômitos e outros.

A figura 2 é um gráfico analítico que ilustra a correlação entre o corpo e a mente. O radical carboxila disposto à direita é ácido e representa o nervo simpático. Todas as ações físicas e emocionais estão enumeradas no lado direito – banho frio, exercício dorsal, etc. – Elas forçam o nervo simpático e elevam o radical carboxila. Por esse motivo, para se manter a concentração de ions de hidrogênio normal, é preciso dissociar o radical carboxila.

$$COOH ==== COO^- + H^+$$

O radical amino é alcalino e representa o nervo vago. O banho quente, o exercício ventral e os demais itens listados à esquerda forçam o nervo vago e aumentam o radical amino. Portanto, torna-se necessário dissociar parte do mesmo.

O radical carboxila se dissocia termoliticamente ou eletroliticamente mas o radical amino necessita de água para a dissociação. A água é retirada das fezes e a dissociação se processa da seguinte forma:

$$NH_2 + 2H_2O ==== NH_4^+ + 20H$$

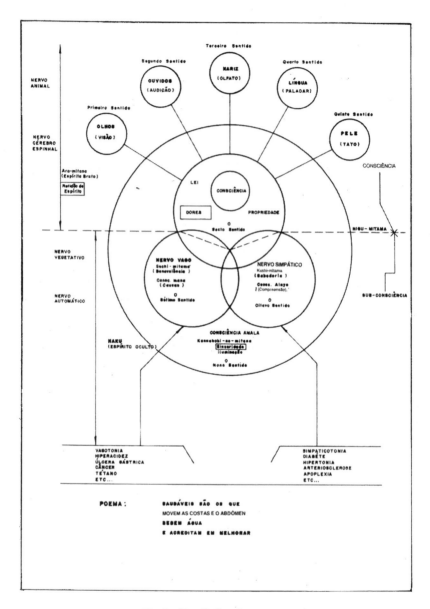

Fig. 2 – Correlação entre corpo e mente

Se a água retirada das fezes para a dissociação não for reposta, as fezes tornam-se secas e resultará numa prisão de ventre. É por esta razão que um indivíduo necessita beber 30 g de água fresca, não fervida, a cada 1/2 hora (na razão de um grama por minuto).

Os dois grupos atômicos: radicais carboxila e amino tornam-se dissociados ou associados em concordância com o ambiente e tanto o nervo simpático como o vago operam no seu máximo e mantêm o valor do pH do fluido do corpo normal.

Contudo, uma vez que o meio-ambiente é muito diferente do natural, o fluido do nosso corpo tende a se tornar excessivamente ácido em uma ocasião e demasiadamente alcalino em outra, apesar das ações de equilíbrio de nossos diferentes órgãos. Isto significa que é muito difícil mantê-lo neutro. É por isso que, como um velho preceito diz, "o homem tornou-se um poço de doenças". Logo, uma boa orientação higiênica ou médica deve estar apta a indicar como regular vários fatores do meio-ambiente em que vivemos. Ele influirá em nossa pele, nutrição, pernas e mente de modo que a proteína de nosso corpo possa ser mantida neutra. Em outras palavras, o desenvolvimento do meio-ambiente de nossa vida, a manutenção do fluido de nosso corpo num bom balanço e a prevenção de doenças devem ser asseguradas pela orientação de higiene e cuidados médicos.

A figura 3 é um gráfico psicanalítico e mostra a correlação entre os sistemas nervosos animal e vegetativo. O primeiro consiste dos 6 sentidos (visão, audição, olfato, paladar, tato e consciência), enquanto o segundo é composto de simpático e vago.

5. O sintoma é uma cura

Um médico inglês famoso, Thomas Sydenham (1624-1689) afirmou: "Doença é um processo adotado pela natureza para expulsar um princípio nocivo". Se os princípios nocivos invadem nosso corpo ou se nosso corpo os produz, nosso poder de cura os expulsa, e os meios adotados por ele são evidentemente curativos. Por exemplo, quando ingerimos comida estragada prejudica-se o corpo se ela permanecer nele. Por esse motivo a natureza tenta expulsá-la rapidamente provocando vômito ou diarréia. A seguir um outro exemplo: se bactérias ou toxinas se proliferam nos tecidos, no sangue ou na linfa, elas afetarão o corpo. Con-

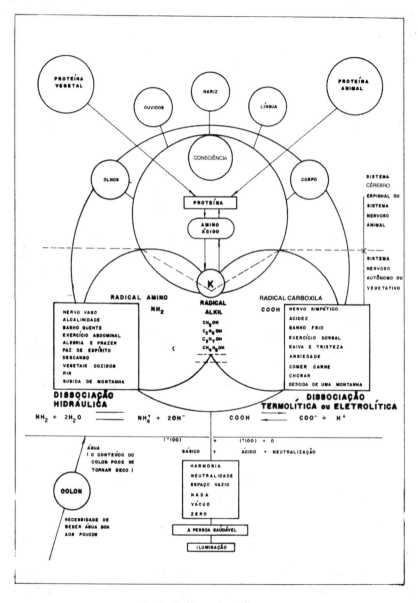

Fig. 3 – Gráfico psicanalítico

seqüentemente, a natureza acelera o fluido do sangue para desintoxicar e eliminá-las. Este sintoma é denominado de febre. Exantema ou suor cutâneo expulsa através da pele as toxinas que poderão afetar os glomérulos do rim que é a via normal de eliminação. Portanto nem a evacuação nem a febre são uma doença. Ambas são uma cura por meio da qual a natureza expulsa as toxinas e as bactérias.

The Shoo King, um dos clássicos chineses, afirma: "Se o tratamento não esgota inteiramente o paciente provocando mien-huen (reação), não curará sua doença".

O She-chien, outro livro chinês, afirma: "A medicina cura doenças provocando sintomas".

O Kung-tsuch'man (Biografia do Confúcio) afirma: "Quando um indivíduo escolhe o tratamento e os sintomas atingirem o máximo, então a doença será curada".

A palavra mien-huen significa sintoma (como reação). Conduta médica inclui alimento, vários tratamentos, conselhos de amigos e conhecimento tanto para medicamentos comuns bem como de drogas e medicamentos de uso externo. Por exemplo, o escalda-pé é um tratamento para a febre. A transpiração provocada por ele é a reação que põe fim à febre e cura a doença. É isto que significa a frase: "A medicina provoca reações e cura a doença". Não se provocando a transpiração, "o tratamento não provoca a reação e a doença não ficará curada".

Na figura 4 o círculo O no centro representa a saúde perfeita ou o "UM" composto de perfeita saúde, corpo e mente. Este círculo precisa ter

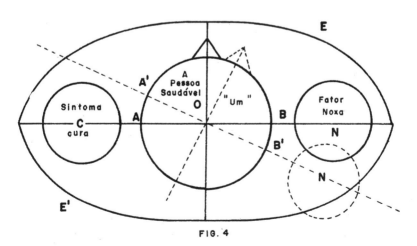

FIG. 4

37

um triângulo no seu topo, perpendicular ao diâmetro horizontal. Todavia, se tal corpo saudável for invadido por agentes nocivos *N*, devido a um modo de viver não natural, a saúde será afetada e o diâmetro *AB* se inclinará na direção apresentada por *A'B'*. Se isso acontecer realmente, o organismo estará ameaçado. Entretanto, se a capacidade de cura natural produzir o sintoma *C* para manter o equilíbrio *AB*, em outras palavras o organismo contendo o agente tóxico (um fator etiológico) não será capaz de permanecer, a menos que ele se oponha a *N* produzindo *C*. A Medicina Nishi considera este estado como se segue: quando um agente tóxico *N*, cuja importância poderá variar, afeta um organismo, o corpo manterá seu equilíbrio pela produção de *C*. Entretanto, se o sujeito permanecer no estado de "UM" a menos que ele possua um oponente *N*, o valor de *C* deverá naturalmente ser nem maior ou nem menor que *N*, mas apenas equivalente.

Por exemplo, no caso de um bacilo de tuberculose *N*, *C* poderá ser febre, tosse, catarro, cavidade ou poderá ser hemoptise. O que quer que possa ser, o melhor procedimento de oposição é selecionado pelo poder de cura, de acordo com as condições do bacilo de tuberculose *N*. Quando uma febre de, digamos, 39° C ocorrer, significa que o corpo está combatendo contra o bacilo da tuberculose mantendo alta a febre. Naquele caso, uma febre de, por exemplo, 38,5° C, não será suficiente. Aliviando-se a febre com um comprimido antitérmico, você diminuirá o valor de *C* que está balanceado com *N*, de maneira que o organismo será forçado a trocar da situação de segurança *AB* para a perigosa situação *A'B'*, arriscando sua existência. Por conseguinte uma febre de 39° C duradoura não é um fenômeno desfavorável e sim um fenômeno favorável.

Embora esta febre contínua seja um oponente indispensável contra o bacilo de tuberculose, ela poderá causar efeitos negativos ao organismo. Se investigarmos este caso em detalhe, a elevação da temperatura do corpo acelera a evaporação da água do corpo, destruindo a vitamina C. Suor noturno privará o organismo de sal, água e vitamina C. A carência de água induz à acumulação de guanidina e causa a uremia. A carência de sal provoca a neurite e lesão do pé, como hipoacidez e dispepsia. Carência de vitamina C enfraquece os tecidos e pode resultar em escorbuto. Estes distúrbios são efeitos secundários da febre e eles irão diminuir o poder do organismo, para se opor à tuberculose.

Portanto estas substâncias precisam ser repostas para manter o organismo forte. Procedendo assim, o organismo conterá *N* e *C* – o que é ilustrado pela elipse EE' – mantendo seu particular mas absoluto estado de saúde do "UM", embora a saúde desse estado seja naturalmente diferente daquele círculo *O* original. Contudo se as substâncias deficientes são devidamente repostas para manter o estado do "UM" e se for dado tempo suficiente para *C* surtir efeito, o agente nocivo será gradualmente aniquilado. Diminuindo *N, C* diminuirá. Quando *N* estiver completamente expulso, a função de *C* termina e este também desaparece. Então o organismo afetado contendo *N* e *C* (elipse *EE'*) volta à saúde original perfeita (círculo *O*).

Este é o princípio da Medicina Nishi: "O sintoma é uma cura". Se isso for bem compreendido, qualquer que seja o sintoma que aparecer, pode-se deixá-lo passar normalmente e recuperar prontamente seu estado de saúde original.

Kosho-igen (depoimentos médicos de livros antigos), de Todo Yoshimasu, afirma:

"Mien-huen, ou reações, variam muito de indivíduo para indivíduo. Elas podem tomar tantas formas diferentes que é impossível descrevê-las. Embora o tratamento adequado seja aplicado, se ele não neutralizar as toxinas, não provocará uma reação adequada. Se as toxinas são antídotos, ocorrerá a reação. Algumas vezes a reação continua por um espaço de dias e o paciente, incapacitado de se alimentar, magro e fraco, fica prestes a morrer. Quando subitamente as toxinas se esgotam, o paciente tende a se recuperar. Algumas vezes as reações fazem com que o paciente quase morra, sobreviva várias vezes, e quando finalmente as toxinas desaparecem o paciente gradualmente se cura.

Como poderemos saber tudo isso sem fazermos experiências próprias? Livros antigos afirmam que esta palavra reação é fácil de entender mas difícil de ser praticada. "A essência da arte médica se assenta aqui".

Precisamos ler repetidamente e compreender o significado profundo deste ensinamento.

6. O alimento

Soho-sushin-roku (treinamento moral de fisiognomia), de um fisiognomista do período Edo, Nanboku Mizuno, afirma no início do prefácio do livro *Nanboku Soho Gokui* (o segredo do fisiognomista Nanboku):

"O alimento é o alicerce do ser humano. Mesmo que façamos o tratamento certo, não podemos manter nossa vida sem o alimento adequado. Portanto, o alimento é um bom tratamento. Embora eu seja fisiognomista há muito tempo, não observei, no início, a importância da alimentação. Algumas pessoas a quem os fisiognomistas prenunciaram pobreza e vida curta poderiam ser ricas e viver muito tempo. E outras que pareciam ricas e ilustres vivem pouco e na miséria. Portanto, o julgamento da saúde de meus clientes através de sua realização pode não ser exato. Reconheci finalmente que boa ou má saúde dependem do critério alimentar de cada um. Portanto, decidi perguntar ao meu cliente se ele comia muito ou pouco e só então examinar sua fisiognomia. A partir daí meu julgamento passou a ser altamente real e raramente cometia erros. Isto passou a ser a chave do segredo do meu método de fisiognomia".

Embora pareça ser um legado do Céu, pode-se aperfeiçoá-la de algum modo com moderada forma de viver. Como Nanboku afirma: "discreto hábito alimentar torna uma pessoa saudável e com vida longa; enquanto que aqueles que se alimentam em abundância se tornarão doentes e com vida breve".

Segundo um velho conceito popular, "a vida depende do alimento", isto é, não vivemos sem nos alimentarmos. Por outro lado, temos um outro provérbio: "moderação é o melhor tratamento". O segundo dos quatro elementos primários do princípio de saúde da Medicina Nishi é a nutrição. Não podemos enfatizar em demasia a influência enorme que a boa orientação da nutrição exerce em nossa saúde.

Contudo a dieta moderna baseia-se na teoria das calorias e afirma com certa falta de precisão que um japonês necessita em média de 2.400 calorias diariamente. Se consumirmos tal quantidade de calorias, diariamente, em um mês ficaremos doentes, perdendo o apetite ou sofrendo de diarréia, o que é um ato de prevenção do Céu que serve para avisar que um excesso de alimento está sendo ingerido.

Desde que vivemos em sociedade, necessitamos ingerir alimentos em proporções adequadas, contendo as 7 substâncias nutritivas que são proteína, carboidratos, gordura, lipídeos, minerais, vitaminas e água.

A proporção a ser consumida deverá ser determinada pela quantidade de nutrição solicitada para cada cm^2 da área da superfície interior do intestino de cada um, usando-se a unidade NEM (Nutrition-Equivalent-Milk). O NEM é o valor nutritivo representado por 1g de leite.

A tabela a seguir apresenta a nutrição em uma unidade de NEM nas diferentes idades:

bebê com menos de 1 ano	0,5 NEM
2 anos	0,6 NEM

11-12 anos	0,7 NEM
adulto empenhado em	
trabalhos sedentários	0,4 NEM
adulto, funcionário de escritório	0,5 NEM
adulto, operário	0,6 – 1,0 NEM

Tabela 1 – Quantidade de substância nutritiva necessária por 1 cm^2 da superfície interior dos intestinos.

A área da superfície interior dos intestinos é igual ao quadrado da altura da pessoa sentada (comprimento desde o cóccix ao topo da cabeça). Por exemplo, no caso de uma senhora de 32 anos, cuja altura, sentada, é de 82 cm, a área da superfície interior do seu intestino é: 82 cm x 82 cm = 6.724 cm^2.

Se ela requer 0,4 NEM por cm^2, a quantidade diária de substância nutritiva necessária será de 2.690 NEM. Se ela continuar com 2.690 NEM por três meses, e se mantiver este peso padrão, sua capacidade de digestão e absorção será normal. Ao contrário, se ela emagrecer gradualmente, seus órgãos digestivos estarão deficientes, ela poderá submeter-se a uma cura rápida através de uma dieta crua, eliminando suas fezes estagnadas e restabelecendo o funcionamento normal de seus intestinos.

A propósito 1 Cal corresponde a 1,5 NEM.

Na falta deste cálculo complicado, podemos estimar a quantidade adequada de nutrição, cerrando o punho ao levantar pela manhã.

Se sentirmos as nossas mãos enrijecidas, significa que o alimento consumido foi em quantidade excessiva. Neste caso, precisamos nos alimentar menos até que este sintoma de inchaço desapareça. Se você tiver um dinamômetro à mão, meça sua força à noite ao deitar e pela manhã ao levantar; se esta capacidade de força diminuir 20% você deverá reduzir ainda mais o seu consumo de alimento.

A maneira de orientar o consumo de alimento de um paciente é tão importante que é uma matéria para a qual os médicos, líderes e seguidores da Medicina Nishi dedicam a sua máxima atenção.

"Não aprecie o comer", é o que eu aconselho o tempo todo. Alimentos leves asseguram uma movimentação regular, diminuem a fadiga e o livram da sonolência após as refeições. Você deve se habituar a comer levemente e a se satisfazer com isso.

SEGUNDA PARTE: PRÁTICA INDIVIDUAL

I. Seis regras de higiene e terapia da Medicina Nishi

Se nós estudarmos o esqueleto, os músculos, os nervos, os vasos sangüíneos, os órgãos internos do ser humano detalhadamente verificaremos que o homem rastejou nos 4 membros, mantendo o corpo em posição horizontal como os demais vertebrados e que a sua coluna espinhal era originalmente desenhada na forma de haste como a dos animais quadrúpedes. Em determinado estágio de sua evolução o homem começou a tomar postura ereta e a usar a sua espinha dorsal como um pilar ou uma coluna. Devido à sua constituição estrutural, esta mudança de função causou muitas dificuldades dinâmicas na espinha, tornando o homem sujeito a muitas doenças.

Ao mesmo tempo, esta postura ereta evitou que o fluxo sangüíneo se estagnasse no cérebro, o que permitiu um desenvolvimento extraordinário.

Isto possibilitou ao homem, o senhor da criação, construir uma civilização brilhante. Outro fato que contribuiu foi que os membros inferiores se tornaram um órgão locomotor e os membros superiores ficaram disponíveis para atividades culturais mais elevadas.

Além dos problemas causados pela postura ereta, a vida cultural da humanidade contém várias restrições não-naturais que sempre perturbam a saúde de nossas vidas. A correção de distúrbios do corpo e da mente com a finalidade de assegurar uma boa saúde é o propósito das seis leis da Medicina Nishi: 1 – cama reta; 2 – travesseiro sólido; 3 – exercício do peixe dourado; 4 – exercício capilar; 5 – exercício de junção das palmas das mãos e solas dos pés e cura pelo contato; 6 – exercício dorso-ventral. Esses métodos não são somente a base da higiene e terapia, mas também um excelente corretivo para esforços não-naturais decorrentes de nossa vida cultural. Por este motivo devemos praticá-los diariamente.

A – Cama reta

Ao invés de cama com colchão de molas ou um colchão grosso, devemos usar um colchão o mais duro e reto possível. A colcha deve ser quente o suficiente apenas para não causar transpiração. Usando este tipo de cama ao dormir, devemos nos deitar sobre as nossas costas.

FIG 5 - A CAMA PLANA

A cama reta é o suporte mais estável para a gravidade e permite que o resto do corpo repouse eficientemente. Isto também facilita a correção das subluxações e deflexões da espinha causadas pela postura ereta. A espinha necessita de uma curva natural enquanto o corpo está de pé, mas sua linha reta original deve ser restabelecida ao deitarmos sobre nossas costas. A dureza absoluta da cama protege a pele e o fígado da apatia e estimula as veias distribuídas superficialmente em todo o corpo, ativando assim o fluxo de retorno do sangue para o coração. Por conseguinte melhora a função do rim e todo o resto de detrito acumulado durante o dia é facilmente eliminado.

A cama reta também estimula a precisão dos nervos sensoriais e evita a paralisação intestinal e a prisão de ventre. Como resultado, o cérebro, estreitamente relacionado com os intestinos, permanecerá sempre lúcido.

O exercício do peixe dourado e o hábito de deitar de costas são o primeiro passo para o uso da cama reta. A maciez ou a espessura de nossa cama deve ser gradualmente reduzida (substituindo, por exemplo, o colchão, se houver, com vários cobertores e ir removendo um por um) de modo que no final consigamos dormir em cama reta (madeira coberta com um lençol). Quem se acostumar com ela, o que não demora muito, achará a cama comum desconfortável.

B – Travesseiro sólido

FIG. 6 - O TRAVESSEIRO SÓLIDO

O formato do travesseiro sólido é a metade de um tronco de madeira cujo comprimento do raio é igual ao quarto dedo. Deve-se repousar de costas e colocar o travesseiro de modo que a quarta vértebra cervical fique apoiada no seu topo.

Conforme foi mencionado acima, o homem adotou a postura ereta devido a razões de dinâmica com subluxações da 1ª e 4ª vértebras cervicais, o que causa problemas otolaringológico, dentário ou broncotraqueal. O travesseiro sólido não apenas evita ou cura estes problemas como também repara outras subluxações cervicais, entre as quais o torcicolo. Ainda mais, o travesseiro sólido normaliza a função do cerebelo e da medula e previne paralisia de diferentes partes do corpo, especialmente dos membros.

Quando usamos o travesseiro sólido pela primeira vez, é normal considerá-lo doloroso ou sentirmos um entorpecimento. Neste caso, podemos usar uma toalha ou algo semelhante para amortecer o choque. Todavia devemos tentar acostumar-nos à dureza do travesseiro removendo-se gradualmente o amortecedor de maneira que no final passemos a dormir bem sem o mesmo. No início, se for muito duro, pode-se usar o travesseiro sólido somente por 10 a 20 minutos e depois trocar por um mais macio.

O travesseiro sólido é, de certo modo, um barômetro da saúde. Ele demonstra que aqueles que sentem dores ao usá-lo estão com fezes estagnadas e com algum problema em seu corpo. Tentando se acostumar ao travesseiro sólido e a superar a dor poderão gradualmente curar seus problemas.

C – Exercício do peixe dourado

Primeiro deite horizontalmente sobre as suas costas. Depois flexione os artelhos dirigindo-os em direção aos joelhos formando um ângulo agudo – mantendo as solas dos pés paralelas. Coloque as mãos cruzadas na direção da 4ª ou 5ª vértebra cervical. Mantendo esta posição, oscile seu corpo como o peixe faz para nadar. Pratique este exercício uma a duas vezes diariamente, pela manhã e à noite.

Depois de ajustar as subluxações das vértebras com a cama reta e de assegurar a curvatura fisiológica das vértebras cervicais com o travesseiro sólido, deve-se corrigir a escoliose (curvatura lateral) com o exercício do peixe dourado. Assim procedendo, podemos corrigir defor-

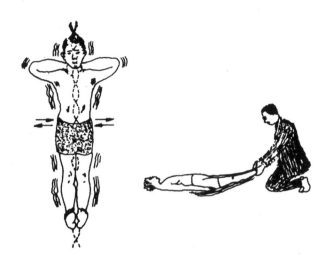

FIG. 7 - EXERCÍCIO DE PEIXE DOURADO

mações nas saídas das vértebras, através das quais provêm os nervos espinhais. Desse modo livramo-nos da opressão excessiva bem como da paralisia dos nervos externos. Isto melhora completamente a função dos nervos do corpo e regula a circulação do sangue.

Este exercício facilita o livre movimento do intestino, de modo que a tensão intestinal ou oclusão possa ser evitada. Como resultado, os intestinos funcionarão fisiologicamente. Ainda: são regulados os nervos e a divergência fisiológica dos lados direito e esquerdo do corpo, resultado dos movimentos habituais da profissão, esportes e outras atividades. Obtém-se também, com esse exercício, ótimo equilíbrio entre o corpo e a mente.

A fim de executar o exercício do peixe dourado corretamente é preciso relaxar completamente ou pendurar um par de muletas no alto, oscilar os quadris para diante e para trás, para livrar-se das distorções na espinha.

Quando este exercício é aplicado ao paciente, o assistente segura os seus tornozelos com as mãos, balançando-os lateralmente. Neste exercício o travesseiro sólido não é utilizado. O assistente pode colocar as solas do pé contra o seu próprio corpo e movê-las desta posição. Há algumas variações do exercício do peixe dourado: dobrando os joelhos (deitando-se de costas, dobra-se os joelhos até eles encostarem no chão alternadamente o direito e esquerdo com a ajuda de um assistente ou sozinho). Este exercício é ótimo para regular os intestinos e a pélvis. Para bebês o exercício do peixe dourado pode ser executado segurando-se os quadris e movendo-os lateralmente: é o denominado exercício do peixe dourado quadril".

D – Exercício capilar

Primeiramente deite de costas utilizando o travesseiro sólido. Levante os dois braços e as duas pernas verticalmente e estique-os o mais possível, mantendo as solas dos pés na horizontal.

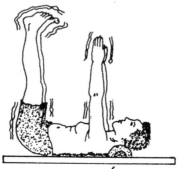

FIG. 8 - EXERCÍCIO CAPILAR

Nesta posição, faça vibrar suavemente os membros durante 1 ou 2 minutos. Pratique este exercício diariamente pela manhã e à noite.

Embora a Medicina Nishi se fundamente em princípios de várias outras medicinas, ciências e filosofias de séculos e de países diferentes, ela possui uma única teoria que afirma que a força motriz para a circulação do sangue depende não do coração, como afirmam as teorias da medicina tradicional, mas dos vasos capilares que ligam as artérias e as veias.

O exercício que promove a capilaridade ou exercício capilar (de levantar e vibrar os membros que contêm 3.800 milhões de vasos capilares sem considerar os 5.100 milhões de vasos do corpo inteiro) regula as válvulas venosas que promovem o fluxo do retorno sangüíneo, acelera o fluxo, renova e auxilia a circulação da linfa, regenerando os glômus e evitando a velhice prematura.

Este exercício estimula o fluxo do sangue arterial assegurando a circulação fisiológica e evitando a congestão sangüínea, curando várias doenças circulatórias.

A função da pele e dos membros melhorará com esse exercício de modo a prevenir a invasão de parasitas e bactérias através da pele. Dinamicamente falando, os pés são bases importantes para o corpo inteiro. Problemas nos pés podem causar todos os tipos de doenças. Portanto podemos manter nossos pés saudáveis fisiologicamente através deste exercício.

O exercício, que parece divertido, e o exercício para cima e para baixo demonstrado anteriormente reforçarão o seu efeito.

Baseada na teoria de que a força motriz da circulação do sangue está nos vasos capilares, a Medicina Nishi possui também um único ponto de vista quanto à pressão sangüínea. Isto se prova com o auxílio da matemática avançada: a razão entre a pressão máxima, a mínima e a pressão do pulso deverá ser 3,14:2:1,14 (pressão máxima : pressão mínima = 1:7/11).

Voltando ao exercício capilar, quem achar difícil levantar as pernas verticalmente, poderá dispô-las separadamente cerca de 100° e elevá-las nesta posição à altura conveniente e tentar esticá-las a partir daí. Deve-se aumentar a altura gradualmente de modo que, finalmente, se consiga esticar as pernas na posição vertical.

A distância entre os pés deverá ser aproximadamente igual à dos dois ombros. Após o exercício capilar, mantendo a posição vertical, gire os tornozelos para dentro e para fora ou escreva um par simétrico de caracteres chineses com os seus artelhos (você poderá fazer o mesmo exercício com as suas mãos também), para aumentar o efeito do exercício.

E – Exercício de junção das palmas das mãos,
das solas dos pés e a cura pelo contato

a) O exercício de junção das palmas das mãos durante 40 minutos

Primeiro junte os 5 dedos de cada uma das mãos e una as duas mãos de modo que não fique espaço livre entre as duas falanges dos dedos do meio e as falanges superiores dos outros dedos. Coloque as mãos assim unidas, verticalmente, na altura de seu rosto e mantenha-as nesta postura durante 40 minutos. Se você fizer este exercício uma vez o efeito será eterno.

FIG. 9

EXERCÍCIO DE JUNÇÃO DAS PALMAS DAS MÃOS POR 40 MINUTOS

Este exercício corrige torções dos vasos capilares onde se assentam as unhas e as palmas, melhora a circulação do sangue e equilibra o metabolismo e outras funções produtivas do corpo. Deste modo você dotará suas mãos de um poder curativo.

Este exercício faz as mãos como foram descritas na escritura sagrada grega: "junte as mãos e depois toque. Todas as doenças serão curadas" ou na fórmula romana: *"Brevis oratio penetrat caelum"* (Unindo as palmas das mãos alcançarás o Céu) ou ainda como afirma a seita Zen: "mãos que emitem som". Aplicando estas mãos gradativamente são curadas enfermidades tidas como incuráveis através das primeiras quatro das seis regras. A boa saúde ficará assegurada para cada dia, juntando as palmas das mãos durante cerca de 5 minutos.

A fim de aplicar o contato manual de cura a um paciente, primeiro faça-o tomar a postura para facilitar a circulação sangüínea. Corrija qualquer irregularidade do corpo e membros com suas mãos que já executaram o exercício de 40 minutos, colocando as mãos na área afetada. Além disso aplique o tratamento de pressionamento do dedo de modo que o seu poder de cura natural possa começar a operar e curar no devido tempo a doença.

Antes da execução da cura pelo contato manual realize o exercício capilar. Após a cura, você poderá deixar suas mãos caírem e agitá-las várias vezes para se proteger dos raios negativos.

A combinação do exercício de 40 minutos com o exercício capilar fornece às mãos um poder específico de detectar a causa exata ou localização das doenças. Contudo, esta cura, ao ser ministrada a um paciente, consome muita energia, sendo melhor não praticá-la a não ser em uma emergência.

Juntar as palmas por mais de 75 segundos antes de cada refeição equilibrará o pH do fluido do corpo e evitará qualquer elemento tóxico.

b) Exercício de junção das palmas das mãos e solas dos pés

FIG. 10 - JUNÇÃO DAS PALMAS

O exercício de junção das palmas das mãos e solas dos pés é executado como segue: deitado de costas ou sentado, mova para frente e para trás os braços, palmas unidas, e ao mesmo tempo as pernas e as solas unidas também (para frente, os braços deverão estar esticados para cima na frente do rosto ou sobre a cabeça, e as pernas deverão estar esticadas no chão; para trás, trazendo as mãos unidas para baixo na altura do peito e os pés unidos através do corpo dobrando os joelhos). Depois descanse por 2 ou 3 minutos com as palmas e solas, respectivamente unidas.

Para as pernas a distância do movimento de flexão e extensão deverá ser uma vez e meia o comprimento de sua canela. Se uma gestante praticar este exercício durante 1 minuto e meio todas as manhãs e noites ela certamente dará à luz com facilidade. A eficácia deste exercício é unanimemente reconhecida por aqueles que presenciaram o fato (conforme o item 42, o método dos movimentos para mulheres se aplica também às gestantes).

F – Exercício dorso-ventral (1 minuto)

a) 11 exercícios preparatórios

A posição normal da cabeça antes e após cada movimento é ereta.

1. Mova os dois ombros para cima e para baixo, 10 vezes (fig. 11).

2. Dobre a cabeça para a direita 10 vezes.

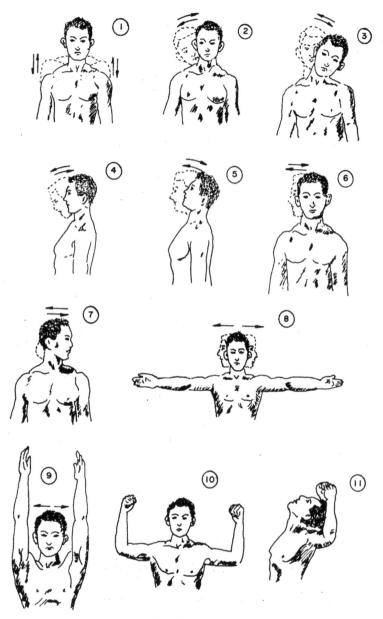

Fig. 11

3. Dobre a cabeça para a esquerda 10 vezes.

4. Incline a cabeça para frente 10 vezes.

5. Incline a cabeça para trás 10 vezes (com o queixo para baixo).

6. Gire a cabeça para trás pelo lado direito, 10 vezes.

7. Gire a cabeça para trás pelo lado esquerdo.

8. Abra os braços, com as mãos na horizontal, e depois gire a cabeça uma vez para a direita e uma vez para a esquerda.

9. Levante os dois braços verticalmente e gire a cabeça uma vez para a direita e outra vez para a esquerda.

10. Mantendo os braços na vertical, coloque os dedões debaixo dos outros 4 dedos e cerre os punhos o mais possível. Depois dobre os braços (com os punhos cerrados) em ângulo reto e traga-os para baixo na altura dos ombros.

11. Na posição 10 empurre para frente os braços e a cabeça para trás dando impulso com o queixo. Após terminar esses 11 exercícios preparatórios, relaxe e vagarosamente coloque as mãos sobre os joelhos. Então você estará preparado para o exercício principal.

b) Exercício principal (10 minutos)

Colocando o centro de rotação do cóccix e mantendo o tronco (do cóccix até o alto da cabeça) o mais ereto possível oscile-o lateralmente como se fosse um bastão. Este movimento oscilatório deverá ser acompanhado pelo movimento abdominal que é feito da seguinte maneira: cada vez que a coluna é inclinada para a direita ou para a esquerda, o baixo abdômen deverá ser empurrado para fora. Em outras palavras, há dois exercícios abdominais para cada oscilação da coluna, um par de inclinações para a direita e para a esquerda. O exercício é feito independentemente da respiração.

Este exercício deve ser praticado durante 10 minutos pela manhã e à noite. O padrão de velocidade é de 50-55 oscilações por minuto, o que perfaz um total de cerca de 500 oscilações em 10 minutos. É aconselhável levar pelo menos 3 meses para atingir esta velocidade porque, do contrário, vários problemas poderão surgir. Assim procedendo, você poderá tornar sua pele resistente a ponto de torná-lo capaz de realizar o exercício despido, mesmo durante o inverno. Desse modo, as condições do corpo inteiro melhorarão gradualmente, fortalecendo a sua saúde.

Por que o exercício abdominal é necessário? Porque o abdômen é ocupado principalmente pelos intestinos, grosso e delgado, alvo direto desse exercício, tradicionalmente chamado de método de respiração abdominal ou cura através de meditação.

Fisiologicamente falando, uma respiração profunda deve ser também considerada como um exercício abdominal, porque ela exerce grande influência não somente no tórax como também em outras partes do corpo.

O exercício abdominal da Medicina Nishi movimenta também os intestinos e igualmente excita o nervo vago, estimulando o seu centro periférico, o plexo solar, localizado a cerca de 1 polegada da parte superior esquerda do umbigo. Este exercício regula a circulação do sangue no abdômen e evita a prisão de ventre e a estagnação de fezes.

Estes dois fatores são os causadores do câncer gástrico e de outras doenças. A terrível apoplexia também está internamente associada à prisão de ventre, sendo esta uma das novas e importantes revelações da Medicina Nishi.

Quando este exercício faz a função dos intestinos, incluindo a absorção do nutriente perfeitamente, o indivíduo será capaz de abolir o café da manhã e passar ao hábito de ingerir duas refeições por dia.

De fato, nós, japoneses, comemos em demasia e sofremos de diversas doenças. Não devemos tomar café pela manhã e sempre que ficarmos doentes, devemos, primeiramente, suspender a alimentação. Isto cria um vácuo psicológico, e você pode comprovar estes efeitos terapêuticos reconhecendo o sentido real do provérbio: "aqueles que limpam o intestino vivem muito". Contudo, se o indivíduo acreditar cegamente nos antigos e sábios ditados e se dedicar ao exercício abdominal, ele sofrerá, como os seguidores da respiração abdominal, de enteroptose, distensão do abdômen inferior e outros distúrbios subseqüentes. O exercício abdominal que não for acompanhado do exercício dorsal bioquímico faz o corpo fluir alcalino e leva à alcalose (estenose pilórica, câncer gástrico, tétano, etc.) (Fig. 12).

Nossos nervos são fisiologicamente classificados em dois grupos: sistemas nervosos animal e vegetativo. O primeiro é controlado pela

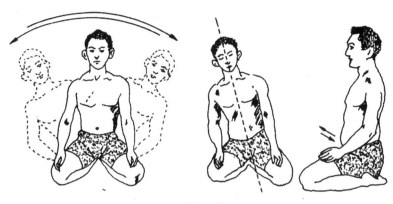

FIG. 12

vontade, mas o último não, embora seja de certa forma estimulado pela nossa emoção. O sistema nervoso vegetativo é ainda dividido em nervos simpático e parassimpático (vago). Neurologicamente falando, o exercício abdominal estimula o nervo vago e quando não for acompanhado pelo exercício dorsal (oscilação lateral), causará distúrbios conhecidos como vagotonia.

A fim de equilibrar a acidez e a alcalinidade dos fluidos do corpo, bem como dos nervos simpático e vago, é preciso praticar simultaneamente os exercícios abdominal e dorsal. Então estaremos habilitados a prosseguir de maneira bem balanceada, garantindo-nos a longevidade.

Por que a oscilação lateral é necessária?

Nosso corpo pode estar sujeito a vários distúrbios porque, em poucas palavras, abandonamos nossa vida natural. O modo de viver não natural causa problemas em nossa coluna vertebral, o que, por sua vez, perturba o funcionamento das secreções internas e externas. Algumas pessoas acreditam que ao curar a vértebra afetada curarão doenças como osteopatia desenvolvida.

O princípio da saúde da Medicina Nishi corrige qualquer perturbação da coluna regulando-a por completo; isto quer dizer que é oscilando-a lateralmente que a tornamos fisiologicamente saudável. Este exercício abdominal equilibra os fluidos do corpo, permitindo tornar-nos realmente fortes e saudáveis.

Todavia se o indivíduo praticar o exercício dorsal somente e negligenciar o abdominal, os fluidos do corpo ficarão ácidos demais. Isto eventualmente causará doenças acidóticas (apoplexia, diabetes, etc.), tornando-nos sujeitos a resfriados.

Exercício dorsal praticado isoladamente age sobre os nervos e causa sintomas angustiosos chamados distúrbios simpáticos.

Entretanto, através da prática simultânea dos dois exercícios, podemos harmonizar nossos sistemas nervosos bem como os fluidos do nosso corpo, além de estabelecer um equilíbrio entre o corpo e a mente. Quando a ação espiritual for adequada (conf. item c abaixo) para isto, seremos capazes de apreciar o verdadeiro prazer da vida. A combinação desses exercícios é bem expressa pela frase: "oscilando de um lado para outro e assentando-nos firmemente", da obra *Fukanzazengi*, um comentário da seita Zen.

c) O pensamento para melhorar

Devemos pensar constantemente em melhorar, rezar para nos tornarmos capazes e acreditar que nos tornaremos mais virtuosos.

Quando os fluidos do corpo assim como os nervos estão bem equilibrados a maldade, a inabilidade ou a imoralidade serão superadas pelo pensamento de nos tornarmos "bons, capazes e virtuosos". A psicanálise da Medicina Nishi elucida este fato da seguinte forma: O que o indivíduo pensa, deseja e acredita impressiona sua própria consciência que pertence ao sistema nervoso animal, agindo também sobre o sistema nervoso vegetativo. Quando seus componentes antagônicos, nervos simpático e vago estão bem equilibrados o pensamento de uma pessoa, seus desejos e crenças são percebidos com um resultado fisiológico.

Este processo está bem explicado na doutrina de Avalokitesvara-Bodhisattva bem como em teorias psicológicas avançadas.

d) Beber água pura sem ferver

Deve-se tomar água fresca em pequenos goles (na proporção de um grama por minuto ou praticamente 30 gramas para cada 1/2 hora). Em outras palavras deve-se beber pelo menos um ou dois litros de água por dia.

Embora possamos viver em completa escuridão por vários dias ou ficar sem nos alimentarmos durante meses, não sobreviveremos além de 5 dias sem água. É fora do normal e impossível para qualquer criatura viver sem água.

A fim de sabermos a quantidade máxima de água fresca e sem ferver que devemos tomar, devemos verificar a cor da própria urina. A urina clara indica a suficiência de água ingerida.

A água não fervida é adequada para: 1 – circulação do sangue; 2 – a atividade dos fluidos linfáticos; 3 – regularização da temperatura do corpo; 4 – geração da glicose fisiológica; 5 – metabolismo celular; 6 – aceleração do metabolismo celular; 7 – lavagem dos órgãos internos; 8 – equilibrar a acidez e a alcalinidade; 9 – desintoxicação; 10 – evitar prisão de ventre.

Se você beber cerca de 30 gramas de água não fervida a cada 30 ou 40 minutos, durante o dia todo, você jamais sofrerá de úlcera gástrica ou duodenal e aqueles que sofrem de tais doenças gradualmente se curarão. A água cura até epilepsia. Dessa forma, através da água você ficará saudável em todos os aspectos.

2. Os 5 métodos de autodiagnóstico

Praticando as 6 regras da Medicina Nishi você se tornará saudável. Você poderá saber quão saudável se tornou através destes métodos autodiagnósticos.

1. Você é capaz de dobrar seu corpo e tocar o solo com seus pulsos sem dobrar os joelhos? Se você pode fazer isso, sua espinha e estômago estão saudáveis.

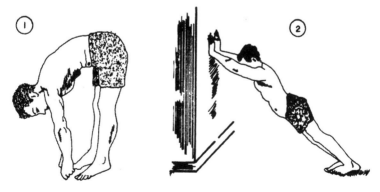

Fig. 13-A

55

2. Você é capaz de inclinar-se contra uma parede à sua frente e fazer um ângulo de 30° com o solo e esticar o corpo inteiro, sem levantar os calcanhares do solo? Se é capaz, você não tem problemas nos órgãos sexuais nem no nervo ciático.

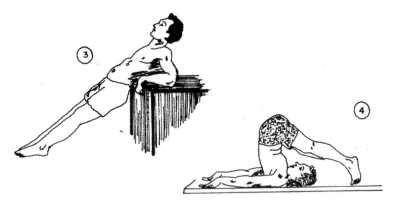

Fig. 13-B

3. Você pode inclinar-se com a face para cima e apoiar suas costas contra uma mesa, fazendo um ângulo de 30° com o solo e manter o corpo inteiro reto sem levantar os dedões? Se é capaz os seus rins estão saudáveis.
4. Deitado de costas e deixando os braços no solo, você é capaz de virar as pernas sobre a sua cabeça até seus dedões tocarem o solo? Se você pode fazer isso, não há nada de errado com o seu fígado.

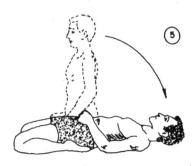

Fig. 13-C

5. Você é capaz de deitar de costas a partir da postura japonesa de sentar, sem erguer seus joelhos? Se você é capaz seus intestinos e órgãos urinários funcionam bem.

Se você não puder fazer um desses 5 exercícios, deverá praticá-los e superar sua dificuldade. Eles se tornarão mais fáceis se você praticar o exercício capilar antes e após o teste. Pressa indevida deve ser evitada nos treinamentos a fim de evitar vários problemas.

Contudo o esforço para superar a dificuldade também curará os problemas que possam aparecer no decorrer da prática do exercício, melhorando dessa forma a sua saúde.

3. Método de 40 minutos de completo relaxamento

1) Efeitos

Enquanto o exercício de junção das palmas das mãos durante 40 minutos atua sobre a parte superior do corpo e o conduz para o "UM" metafísico, este método de 40 minutos de completo relaxamento atua sobre o corpo inteiro e o conduz para o "UM" físico. Este método cura a nevralgia, o reumatismo e dissipa um câncer eventual.

2) Método

Liberte-se da tensão e mantenha-se completamente relaxado por 40 minutos sem pensar ou mover; livre-se das idéias e pensamentos. Você pode ficar sentado ou deitado ou mesmo ficar em qualquer outra postura a seu gosto, mas a coisa mais importante é que você fique completamente imóvel e respire bastante suavememte a ponto de não mover uma pena colocada na frente das narinas.

Se você se mover, mesmo que o movimento seja mínimo, o exercício não terá efeito. Ao começar, você deverá tentar o maior tempo possível (mesmo que sejam 5 ou 10 minutos), prolongando gradualmente a duração até 40 minutos. Será mais fácil se você fechar os olhos, mas cuidado para não cair no sono.

4. Método de esticar as costas

1) Efeitos

Este método de esticar os músculos das costas movimenta os músculos espinhais fixos aos gânglios, estende os músculos gastrocnêmios da perna e estimula os nervos sensitivos, corrigindo a função exagerada da glândula tireóide.

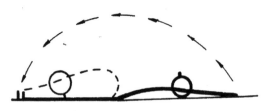

FIG. 14 - MÉTODO DE ESTIRAMENTO DAS COSTAS

2) Método

Primeiramente, deite-se de costas e depois levante vagarosamente a parte superior do corpo, dobrando-a sobre as pernas, e tente tocar os calcanhares com os dedos.

3) Notas

Faça este exercício 2 vezes ao dia quando levantar e quando for deitar. Os braços devem ser mantidos para baixo, ao lado do corpo ou levantados acima da cabeça. No último caso, estique-os horizontalmente, o máximo possível, de modo a promover um fluxo linfático nas axilas. Depois, levante o corpo suavemente sem o auxílio dos braços para fortalecer os músculos abdominais.

Enquanto estiver esticando os braços sobre a cabeça, procure manter os quadris e toda superfície traseira em contato com a cama reta e puxe para baixo também o queixo. Ao dobrar o corpo para frente, evite formar um ângulo agudo e mantenha o peito e os quadris o mais curvos possível. Quando os dedos são esticados em direção aos calcanhares, dobre os artelhos o máximo possível em direção aos joelhos, para esticar os músculos traseiros das pernas. Esta é uma das aplicações dos métodos de autodiagnóstico.

5. Método de estiramento dos músculos abdominais

a) Método de relaxamento

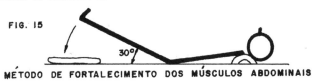

MÉTODO DE FORTALECIMENTO DOS MÚSCULOS ABDOMINAIS

Deite de costas e levante as pernas a aproximadamente 30° da cama. Mantenha esta postura com o corpo inteiro esticado durante 10 segundos (tempo necessário para se contar bem vagarosamente de um até dez). Depois relaxe a tensão e deixe as pernas caírem abruptamente. Depois de descansar cerca de 10 segundos, repita o exercício mais uma vez.

Notas

Faça este exercício ao levantar e ao deitar. É preferível não repetir o exercício mais do que duas vezes seguidas, pois ele é um tanto cansativo. Coloque um travesseiro onde os pés tocam o chão a fim de não machucá-los.

Se um calafrio ou uma transpiração gordurosa ocorrer enquanto estiver levantando as pernas durante dez segundos, é decorrente da fraqueza dos músculos abdominais. Neste caso, pode-se colocar no abdômen uma das seguintes compressas quentes: mistura de leite de magnésia (50%) e azeite ou de gergelim (50%); mistura de trigo sarraceno (150 gramas) e sal (5 g ou uma colher de chá cheia), amassada com uma quantidade suficiente de sal; 150 ml de pasta de feijão japonês amassada com 75 ml de água quente, espremida de pedaço de pano.

Este exercício: 1 – relaxa o corpo inteiro e fortifica os músculos abdominais; 2 – cura gradualmente a enteroptose e gastroptose, e 3 – corrige pernas assimétricas e faz aumentar a própria estatura.

b) Método de caminhar sobre a areia

Andar descalço na areia estimula o reflexo das solas dos pés e indiretamente fortifica os músculos abdominais. Este exercício é recomendado especialmente para crianças.

Nota

Este exercício estimula as solas, melhora a função dos rins, elimina o edema e também fortifica o coração. Auxilia na cura do beribéri. Antes de caminhar sobre a areia deixe os seus pés firmes e fortes com os exercícios do peixe dourado e capilar. A hora ideal para a prática é pela manhã, bem cedo, mas pode ser a qualquer hora. É bom começar com 5 minutos, aumentando gradualmente até 30 minutos. Se não for possível solo arenoso, pode-se caminhar no gramado. Em qualquer caso é preciso ter precaução para não ferir o pé com cacos de vidro, etc.

Para crianças pequenas, a areia pode ser substituída por pedaços de lixas colocadas a intervalos próximos.

c) Método de estiramento das costas

Este método também fortalece os músculos abdominais embora ele possa ser utilizado para outros propósitos. Para explicação prática, confira item 4.

6. Relação entre estatura, tórax, cintura, peso do corpo, etc.

A finalidade da prática dos princípios de saúde da Medicina Nishi é melhorar a saúde do indivíduo e mais precisamente manter a proporção normal entre estatura, tórax, cintura e peso do corpo.

a) Relação entre estatura e medida da circunferência do tórax

tipo de corpo	estatura	circunf. do tórax
tipo ideal	100	50
tipo médio	100	52-53
tipo gordo	100	55

Tabela 2 – Razão entre estatura e circunferência do tórax.

b) Relação entre estatura, circunferência do tórax e peso do corpo

$$\frac{estatura^{cm} \times circunf.\ do\ tórax^{cm}}{peso\ do\ corpo^{kg}} = 240\ (tipo\ médio)$$

Se o resultado da fórmula acima for maior que 240, você é do tipo magro; se for menor, você é do tipo gordo. Em ambos os casos, deve-se procurar se aproximar de 240. Esta fórmula somente se aplica a pessoas com mais de 20 anos.

c) Relação entre a superfície do corpo, peso do corpo e estatura

É medida pela fórmula abaixo:

$$A = W^{0,425} \times H^{0,725} \times 73,5 \text{ (modificação da fórmula de Dubois-Dubois)}$$

onde:
A = superfície do corpo (cm^2)
W = peso do corpo (kg)
H = estatura (cm)
C = é uma constante que flutua entre 72,3 e 74,3 (média 73,5) para o japonês.

d) Relação entre a estatura sentada e o peso do corpo

$$\text{estatura sentada (cm)}^3 = \text{peso do corpo (g)} \times 10$$
$$\text{(fórmula de Piquet)}$$

e) A superfície interior dos intestinos de uma pessoa é o produto do comprimento de seus intestinos (igual a 10 vezes a sua estatura sentada) e a média circunferência de seus intestinos, o que corresponde a 1/10 de sua estatura sentada.

Veja a fórmula:

Superfície interna dos intestinos = estatura sentada x 10 x estatura sentada x 1/10 = altura sentada^2 (fórmula de Piquet).

Notas
As fórmulas acima *c, d* e *e* demonstram o padrão de uma pessoa sadia. Pacientes bem como pessoas sadias devem verificar de tempos em tempos e tentar se aproximar dos números padrão.

7. A cura pelo Hadaka (nudez)

1) Efeito

A cura através do Hadaka acelera a respiração da pele. Isto quer dizer que ela ativa a excreção da uréia e de outras matérias residuais facilitando a absorção do oxigênio através da superfície do corpo. Isto oxida o monóxido de carbono gerado no corpo através do dióxido de carbono que nos faz realmente saudáveis e resistentes aos resfriados. A cura pela nudez nos protege contra o câncer também.

Mais ainda, pacientes que sofrem de câncer podem se curar praticando a cura pela nudez de 7 a 11 vezes ao dia. Posso dar exemplos de curas. Nestes casos, porém, os médicos preferiram dizer que o diagnóstico de câncer foi errado.

2) Método

Cobrimos e descobrimos o nosso corpo alternadamente seguindo a tabela abaixo. Mesmo uma cueca ou calcinha devem ser retiradas, se possível, a fim de expor o corpo inteiro ao ar. O corpo deve estar agasalhado com uma coberta que seja um pouco grossa e quente para cada estação e que seja de fácil manuseio (por exemplo, 2 colchas de algodão

Nº	Tempo de nudez (com portas e janelas abertas)	Tempo para cobrir e aquecer (com as janelas e portas fechadas)
1	20 segundos	1 minuto
2	30 segundos	1 minuto
3	40 segundos	1 minuto
4	50 segundos	1 minuto
5	60 segundos	1 1/2 minutos
6	70 segundos	1 1/2 minutos
7	80 segundos	1 1/2 minutos
8	90 segundos	2 minutos
9	100 segundos	2 minutos
10	110 segundos	2 minutos
11	120 segundos	Descansar um pouco em cama reta

Tabela 3 – Tempo para a cura pela nudez.

no verão e 2 acolchoados no inverno). Uma pessoa sadia pode realizar o Hadaka sentando-se numa cadeira e usar um cobertor ou 2 cobertas para cobrir seu corpo. Um paciente pode permanecer na cama e colocar ou retirar as cobertas com o auxílio de um assistente, se necessário.

Devido ao fato de ficarmos nus é preferível realizar o Hadaka onde não se possa ser visto, por exemplo, em um quarto superior.

Uma pessoa, em especial muito fraca fisicamente, que segue este exercício de cura pela 1ª vez, deverá obedecer à seqüência dada abaixo para os primeiros 5 dias.

1º dia	do início até 70 segundos do horário acima
2º dia	até 80 segundos
3º dia	até 90 segundos
4º dia	até 100 segundos
5º dia	até 100 segundos
após o 6º dia	até 120 segundos

3) Notas

Os cobertores ou abrigos devem ser quentes o suficiente, mas não podem provocar transpiração. O tempo de aquecimento pode ser prolongado convenientemente, mas o tempo de nudez deverá ser obedecido com rigidez.

Um paciente que realiza Hadaka deitado na cama com a ajuda de um assistente poderá mudar a posição como segue: do início até 50 a 70 segundos do lado direito, de 80 a 100 segundos do lado esquerdo e de 110 a 120 segundos de costas.

Durante o tempo de nudez pode-se esfregar as partes rijas do corpo ou praticar exercícios como o do peixe dourado, capilar ou o dorso-ventral. Durante o tempo de cobertura é necessário aquecer-se sem o auxílio de exercício.

a) Qual é a melhor hora?

A princípio faça Hadaka antes de o Sol esquentar e depois de ele se pôr. Um doente ou uma pessoa fraca poderá começar na hora do almoço, na hora mais quente do dia e gradualmente retroceder cerca de 30 minutos ou 1 hora dia a dia, até 5 ou 6 horas da manhã.

b) Relação com as refeições

Antes da refeição é preciso começar com uma hora de antecedência. Depois da refeição, aguarde 30 a 40 minutos. Em outras palavras, o Hadaka não deverá ser feito 30 a 40 minutos antes e depois da refeição.

c) Antes ou depois do banho

Pode-se fazer a qualquer hora antes do banho, mas se preferir depois, espere 1 hora pelo menos, antes de começar a cura.

d) Freqüência

Como regra geral, o Hadaka deve ser feito 3 vezes ao dia mas se não for possível pelo menos uma ou duas vezes ao dia (pela manhã e à noite).

e) Período

Não se deve interromper a prática do Hadaka regularmente durante os primeiros 30 dias. Parar por dois ou 3 dias e retornar por mais 30 dias. Repita este mesmo procedimento mais uma vez. Para uma doença crônica deve-se praticar 3 meses de Hadaka no máximo 4 vezes ao dia, durante um ano.

f) Relação com a estação

O efeito do Hadaka é quase o mesmo no verão e no inverno. A fim de preservar a saúde, deve-se realizar o Hadaka pela manhã e à noite, mas, para curar a doença, pode-se realizar a qualquer momento quando se fizer necessário.

Em alguns casos, ele deverá ser repetido a cada duas horas. Para realizá-lo de 6 a 11 vezes ao dia, por exemplo, objetivando-se a cura do câncer, é necessário estabelecer um horário e segui-lo. Do contrário, o tempo será escasso.

8. O banho quente-frio (banhos alternados)

O banho quente-frio significa tomar alternadamente um banho quente e um frio. O banho quente comum causa a transpiração. Dessa forma elimina do corpo água e vitamina C e tende a perturbar o equilíbrio ácido-base. Portanto o banho quente-frio traz benefício à saúde.

É preciso escolher dentre as várias maneiras abaixo explicadas a que melhor se ajusta às condições de saúde de cada um.

Aqueles que sofrem de doenças venéreas deverão primeiramente se submeter à cura pelo Hadaka, pelo menos 2 ou 3 meses antes de começar o banho quente-frio.

1) Efeito

O banho quente-frio cura nevralgia, reumatismo, dor de cabeça, diabetes, problemas de pressão sangüínea, resfriados comuns, doença de Addison, malária, anemia, doenças circulatórias e fadiga.

2) O banho quente-frio para uma pessoa doente ou para uma pessoa com 30 anos ou mais deve iniciar-se colocando-se os pés e as mãos alternadamente em água quente e fria. Uma vez acostumado a isto, pode-se mergulhar o corpo inteiro, o que levará cerca de 1 semana.

A temperatura ideal para o banho quente é 41-43° C e para o frio 14-15° C.

O banho de perna inteira, no banho quente-frio, deve ser tomado após o banho quente normal. Mas antes disso deve-se enxugar a parte superior do corpo completamente.

A tabela a seguir resume toda a explicação necessária para o banho da perna.

Orientação

Água quente	1 minuto
Água fria	1 minuto
Água quente	1 minuto
Água fria	1 minuto
Água quente	1 minuto
Água fria	1 minuto

O último banho deverá ser obrigatoriamente frio. Antes de agasalhar-se deve-se enxugar e secar o corpo expondo-o ao ar.

3) Banho quente-frio de corpo inteiro para
   pessoas que sofrem de arteriosclerose

Pessoas que sofrem de arteriosclerose deverão começar com temperaturas moderadas. A diferença normal de temperatura, que é 30° C, deverá ser atingida somente no final do período mencionado a seguir:

Água quente	Água fria	Duração
40°	30°	3-5 dias
41°	25°	2-3 dias
42°	20°	2-3 dias
43°	14-15°	

Uma vez acostumado ao banho é preferível não elevar a temperatura da água quente para 43° mas para 41-42.

4) Banho de imersão quente-frio normal

Este é para pessoas que desejam preservar sua saúde. A temperatura ideal aqui é 41-43° C para a água quente e 14-15° C para a água fria. Mas deve-se acostumar ao banho quente-frio da maneira explicada acima.

Banho de imersão

Água fria	1 minuto
Água quente	1 minuto
Água fria	1 minuto
Água quente	1 minuto
Água fria	1 minuto

O primeiro e o último banho deverá ser frio. Deve-se tomar pelo menos 4 pares de banhos quente-frio e terminar com um 5º banho frio. Comumente termina-se no 11º banho frio mas em alguns casos particulares, eles podem ser aumentados até o 61º banho frio.

Se não dispuser de banheira para banho frio pode-se jogar a água com mangueira, primeiramente nos pés e ir gradualmente para as partes mais altas do corpo. Se for utilizada bacia, jogar uma bacia cheia em cada pé, joelhos e abdômen e 3 bacias em cada ombro, começando pelo esquerdo. É o suficiente.

5) Nota

Durante os banhos, deve-se esticar o tórax e todo o corpo a fim de estender os alvéolos pulmonares (células de ar dos pulmões). Aqueles que sofrem de problemas de fígado sifilítico ou cirrose atrófica devem forçar a prática da cura através do Hadaka durante pelo menos 3 meses antes de tomar os banhos quente-frio.

Os banhos quente-frio também curam febres baixas. Nos banhos quente-frio não se usa sabonete. É desnecessário lavar o corpo com sabonete, com exceção das regiões expostas (mãos, pés e rosto) e da região púbica. Limpar as demais partes do corpo com sabonete danifica os rins.

Apêndice

A história dos banhos quente-frio é antiga. A passagem a seguir foi encontrada na parte que descreve o nascimento do Buda de Kako-je-suaungakyo (a sutra que trata das causas e efeitos do passado e do presente).

"O rei dos dragões, Nanda, e a rainha Ubananda ao ar livre despejaram alternadamente água quente e fria sobre o príncipe recém-nascido. Seu corpo era dourado e tinha 32 características particulares e fez brilhar uma luz poderosa que iluminou 3.000 universos."

Que glorioso espetáculo! Shanka nasceu deste modo, com boa saúde, e queria resolver o mistério da vida humana. Deixou a sua família, o seu palácio e contemplou durante 6 anos debaixo de uma árvore, antes que pudesse finalmente atingir a sabedoria.

Todavia isto ocorreu 3.000 anos atrás, quando a ciência ainda não havia evoluído, de modo que ele pôde lidar apenas com matérias metafísicas. Era naturalmente impossível para ele desenvolver sua pesquisa em matéria física concreta e achar o elo que une as matérias físicas e metafísicas. No que tange às matérias espirituais, ninguém jamais acrescentou algo aos ensinamentos de Buda.

Agora mais de 300 anos já se passaram desde a Renascença, período em que a civilização material teve esplêndido progresso. Entretanto, devido ao fato de a cultura espiritual, que deveria amparar e guiar a civilização material, ter sido completamente desvinculada dele, perdeu-se o vínculo entre os dois, resultando um fenômeno irracional: à medida que a civilização se desenvolve, maiores são os problemas da humanidade.

Contudo, o elo em questão foi finalmente descoberto. Eu mesmo demonstrei, teoricamente, como este laço de união, unindo elementos opostos – tais como a metafísica, materialismo-espiritualismo, mente-corpo, extrema-direita e esquerda, ácido-base, nervos simpático e vago – executa o seu trabalho com perfeição, eliminando o antagonismo. Este elo, portanto, realiza a harmonia do "UM" que é também chamado de *sunyata kyo* (vazio ou vácuo), zero, *chu* (neutralidade ou iluminação), meio dourado ou *taiwa* (a grande harmonia). Com esta descoberta foi possível ao homem ser realmente sadio. O mundo se tornou capaz de obter a paz tornando as pessoas cientes desta realidade. Isto é o objetivo fundamental da Medicina Nishi, voltada para a sua própria filosofia, ou o extensivo sistema científico composto de dois.

6) Método de embelezamento pelo banho de imersão

Para embelezar a pele, pode-se adicionar os ingredientes a seguir mencionados na água quente-fria.

a) água quente: 30 g de farinha de aveia fina
5 g de ácido láctico
2 g de bórax dissolvido em água tépida

b) banho frio: 3 tipos de vegetais
repolho, alface, etc., cerca de 150 g cada.

A quantidade acima é para uma pessoa. Se tomarmos constantemente estes tipos de banhos sucessivos, as manchas da pele serão removidas. Diz-se que as pessoas idosas tendem a apresentar manchas devido ao uso diário de sabonete.

7) Método de banho de 25 minutos

A fim de limparmos o corpo, devemos tomar um banho frio de 25 minutos uma vez por mês. A temperatura da água deve ser de 14-15°C (no máximo 18°). Nos primeiros 20 minutos, deve-se permanecer imóvel na água fria, sendo que nos últimos 5 minutos é aconselhável mexer as pernas com vigor. Este método é muito eficaz principalmente no inverno.

Depois do banho frio pode-se tomar banhos alternados que o frio do corpo desaparece.

9. Método de escalda-pé alternado

a) Efeito

Escalda-pé alternado cura uremia, peritonite, cistite, endometrite e enterites. É eficaz também para eczema úmido, frieiras, etc.

FIG. 16 - MÉTODO DE BANHOS ALTERNADOS DOS PÉS

b) Método

Como mostra o diagnóstico, preparam-se dois baldes ou recipiente similar, um com água quente (40-43°) e outro com água fria (14-15°). Colocam-se ambos os pés, até acima do tornozelo, primeiro na água quente por 1 minuto. Quando os pés se tornarem quentes e com rubor, colocam-se novamente ambos os pés na água fria, também por 1 minuto. Continuar pondo os pés alternadamente na água fria e quente, até três banhos frios. O primeiro banho sempre deve ser quente e o último frio. Em caso de eczema úmido ou frieira, o banho alternado poderá continuar por 30 a 90 minutos.

10) Método de escalda-pé

a) Efeito

A cura através do escalda-pé é aplicável para qualquer tipo de febre seja ela alta ou baixa. É preferível realizar esta cura depois das 3 horas da tarde. Depois da aplicação, a febre, em alguns casos, poderá aumentar, mas não é necessário alarmar-se. Entretanto, se começar a transpirar é necessário repor a água não fervida, com sal e vitamina C. Este método é recomendável para doenças renais, edemas, diabetes e também a tosse.

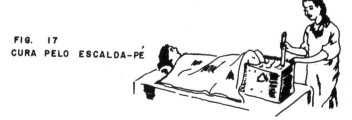

FIG. 17
CURA PELO ESCALDA-PÉ

b) Método

Primeiramente prepare um receptáculo cuja profundidade seja suficiente para permitir mergulhar até a barriga da perna. Encha-o com água quente até 40° C. O paciente deverá permanecer deitado de costas (em uma cama, se houver) com o corpo coberto, inclusive os joelhos com cobertores ou cobertas. Ele coloca de molho as suas pernas na água cuja temperatura deverá ser elevada de um grau a cada cinco minutos. Para este propósito a água deve ser aquecida se possível por meio de um aquecedor elétrico ou então preparada em uma chaleira que deverá ser despejada no recipiente.

c) A temperatura da água e a duração do banho de imersão

Como já foi explicado acima, a água na qual as pernas são mergulhadas deverá elevar seu aquecimento de um grau a cada cinco minutos até 43°C, como segue:

Nos 5 minutos iniciais   40° C
Para o segundo intervalo de 5 minutos   41° C
Para o terceiro intervalo de 5 minutos   42° C
Para o quarto intervalo de 5 minutos   43° C

Após 20 minutos completos, o paciente deverá retirar suas pernas para fora da água quente, enxugá-las bem e mergulhá-las em água fria. A duração depende da temperatura da água, como se segue:

Se a temperatura da água for de 14° C, o banho na água fria deverá durar 2 minutos; se for de 16° C, por 2 minutos e meio e se for de 18°C por 3 minutos e meio. Uma vez é suficiente para o banho frio. Depois disso, as pernas deverão ser bem enxugadas e o paciente deverá descansar.

d) Cura pelo método do banho de 20 minutos e transpiração

O método do banho aumenta a alcalinidade nas pernas, nas partes fora da água e também provoca transpiração. Portanto, se o banho de imersão provoca intensa transpiração, é inútil prolongá-lo além de 20 minutos.

Para aqueles que não transpiram com facilidade é melhor começar tomando água aos poucos após decorridos 15 minutos do início do banho.

Se o paciente não transpirar dentro de 20 minutos, mesmo depois de ingerir água, o banho de imersão deverá se prolongar até 25-26 minutos a partir do início e às vezes até 45 minutos. Mas, neste caso, depois do banho de imersão frio, o paciente deverá submeter-se várias vezes ao exercício de tração capilar (conforme os 33 exercícios capilares especiais) ou então abster-se de caminhar por 3 dias, mesmo que a sua febre tenha cedido e realizar o exercício capilar. Deve evitar começar a andar rapidamente.

Se for preciso andar rapidamente será necessário colocar uma bandagem bem apertada em volta das pernas e tornozelos e mergulhá-los em uma solução salina (uma colher de chá de sal para uma bacia cheia d'água) e repousar até as bandagens secarem (Conf. Método do escalda-pé de 40 minutos). Se o paciente não tomar nenhum dos cuidados acima mencionados, ele correrá o risco de uma inflamação no tornozelo que pode resultar em nefrite ou cardite.

Após o banho nas pernas evite a mudança de pijama ou qualquer outra coisa para resfriar o corpo. O paciente deverá repousar na cama até que a transpiração cesse por si mesma. Às vezes a transpiração poderá iniciar-se duas horas após o escalda-pé.

e) Nota

Dentro de 2 horas e meia após a transpiração, o paciente deverá reabastecer-se de água não fervida, sal e vitamina C. Para a vitamina C ele deverá beber decocção de folha de caqui (Conf. 23 – Método de reabastecimento de vitamina C).

Geralmente 2 g do sal são ingeridos através de comida antes e após o escalda-pé. Se a transpiração é abundante, 2 g de sal são novamente tomados durante cerca de uma hora após a transpiração. Contudo, em caso de resfriado comum ou tuberculose, o sal é excessivo no corpo do paciente. Assim o reabastecimento do sal poderá ser obtido nos primeiros 2 ou 3 minutos de escalda-pé.

Após 20 minutos de escalda-pé é aconselhável como medida de segurança o exercício capilar.

O escalda-pé em princípio deverá ser feito após as 15 horas. Em caso de febre alta, ele deverá ser realizado às 15, 18 e 21 horas.

Para uma pessoa portadora de pele áspera (com rachaduras) ou que toma mais de 2 banhos ao dia é preferível adicionar leite de magnésia ou sua mistura com óleo de oliva nas pernas após o banho. Uma pessoa inclinada a possuir feridas na pele deve adicionar 1/400 de alume na água quente para o escalda-pé.

O escalda-pé deverá ser feito quando a pessoa estiver com fome. Deve ser evitado pelo menos até 30 minutos após uma refeição.

Quem tiver tendência para acúmulo de sangue na cabeça, ao realizar o escalda-pé é recomendável tomar água fria, limonada ou chá verde morno aos goles.

Se o escalda-pé frio tornar as pernas do paciente muito frias, e se ele não aquecê-las por um longo período, dever-se-á encurtar adequadamente a duração do banho frio (por exemplo: 40 segundos ou 1 minuto).

Para o paciente que permanecer na cama o tempo todo, o escalda-pé frio não é necessário. Se o escalda-pé causa uma sensação de choque, ele deverá ser interrompido e recomeçado após uma sucessão de escalda-pés (um ou dois banhos quente-frio). Uma pessoa que esteja com um pouco de febre deve tomar de um a 3 banhos por dia e deverá alimentar-se apenas com sopa de aveia naquele dia. Ele deverá se abster de sal durante o dia inteiro. A partir do dia seguinte o sal poderá ser ingerido normalmente antes e após o escalda-pé.

Pode-se aplicar o escalda-pé e o cataplasma no tórax do paciente no verão. O escalda-pé deverá preceder o cataplasma e no inverno a ordem deverá ser inversa.

Apêndice

Em um filme intitulado *"A vida de Zola"* existem várias cenas onde Zola toma escalda-pé para curar seu resfriado. Embora este método fosse largamente empregado a ponto de você imaginar que ele foi criado na Europa, *Ijikeigen*, um livro médico escrito por Ryon Imamura em 1862, diz o seguinte:

"O escalda-pé – Wu-ch'ang Cheng-tai-lun diz que o escalda-pé significa mergulhar as pernas em água." Uma nota diz que esta água deve ser quente. Yang-Yin Ying-hsiang-ta-lun diz que aquele que tem algo pernicioso no corpo deverá mergulhar a parte afetada em água e provocar a transpiração. Wang-chi Chen-ts'ang-lun recomenda um banho para tirar *hifu*, ou seja, o mal-estar. Yu-chi Chen-ts'ang-lun de Su-wen explica *hifu* como segue: O resfriado é a origem de toda doença. O fígado transmite o resfriado, o qual causa *hifu*. Esta doença provoca *tan* e aquece todo o abdômen. Ele afeta o coração e causa a icterícia.

72

Esta *tan* significa uma doença febril. Chen-fang receita para a febre banhar as pernas em água quente com pedra de alume natural. O alume age como adstringente antiinflamatório (um agente que suaviza a inflamação) e antisséptico.

Ch'ao-Yuan diz: O espírito mau permanece na superfície. Sua nota apresenta o exemplo do Wen-chung que cozinhou lascas de cedro mergulhando as pernas inchadas nesta água e as massageou, curando-as completamente.

Este método de mergulhar em água quente foi também utilizado em nosso país. Podemos encontrar um exemplo no *Erga-monogatari*.

Honso-engi diz: "Água quente ajuda o espírito Yang e acelera a circulação. Uma pessoa sofrendo de resfriado e falta de vigor pode mergulhar as pernas até os joelhos e se cobrir bem de modo a transpirar por todo o corpo. Embora haja outras curas, eles sempre lançam mão do espírito do Yang. Quando alguém sofre de uma diarréia aguda tem os membros frios e sente dor abdominal. Então a pessoa deve sentar-se em água quente e aquecer o abdômen. Isto deve ser repetido várias vezes."O mesmo livro diz que nenhuma outra cura é mais eficaz do que ativar o espírito do Yang. O povo em Chu-chen cavou uma cova e fez a pessoa que estava resfriada sentar-se, jogando água quente sobre ela. A cova foi coberta com uma cesta de bambu por um momento e então o paciente na cova transpirou e curou-se. Sheng-hui-fang descreve como curar exantema (em geral a doença vem acompanhada por uma erupção na pele, como sarampo) jogando-se água sobre o paciente. Po-ai-hsin-chien recomenda banho *suiyo* para um rosto empipocado de catapora. Os exemplos são tão numerosos que eu mencionei alguns deles para nossa referência.

Como vimos acima, o método de escalda-pé também é utilizado na cura de muitas doenças. Mesmo doenças infecciosas agudas como a cólera podem ser curadas através da aplicação freqüente do escalda-pé e pela transpiração provocada deste modo, conforme está escrito no *Korori ho ron* (Como curar a cólera), de Bunrai Masugi, publicado em 1859 como parte do Shuso-Yawa. O autor diz no livro: "Se o método de compressa não causar a transpiração, deve-se tentar o escalda-pé". O escalda-pé é o seguinte: Prepare um banho quente com água suficiente para cobrir o abdômen do paciente sentado, 5 ou 6 cm acima do seu umbigo com uma tampinha de mostarda dissolvida nela. Quando o paciente for tomar o banho, um cobertor deverá ser colocado sobre ele. Isto fará com que ele transpire e ele se livrará da cólera. O método de compressa é ensopar um cobertor ou algo semelhante em água quente e cobrir todo o corpo do paciente. Isto pode ser utilizado no caso de uma disenteria infantil. A compressa quente provoca a transpiração e a sede. Se a pessoa tomar água melhora da disenteria. Entretanto, ela deve ingerir água fresca, não fervida (Conf. 22 – Método de beber água fresca).

11. Método do escalda-pé de 40 minutos

Este escalda-pé de 40 minutos deve ser usado somente quando o banho de 20 minutos comum não surtir efeito. Isto quer dizer que o paciente não começou a transpirar ao final dos 20 minutos do escalda-pé. Ele deverá ser prolongado cada vez de 5 minutos até os 40 minutos a contar do começo do banho de 20 minutos. Neste caso a temperatura da água quente é mantida a 43 graus centígrados. Qualquer paciente transpirará sem exceção dentro de 40 minutos. Não é necessário, naturalmente, continuar além de 40 minutos, desde que o paciente tenha transpirado, o que poderá acontecer após 15, 20, 25 ou 30 minutos.

No caso do banho de 20 minutos, as pernas são mergulhadas em água fria (Conf. 10 – Método de escalda-pé). Mas se o banho for além dos 20 minutos, então os tornozelos incharão. Ainda mais, se ele ficar de pé e andar ao redor sem tomar as duas precauções seguintes poderá ocorrer a artrite.

FIG. 18

Primeiro: deve-se permanecer deitado e não ficar de pé durante 3 dias. Ou, então, ter cada tornozelo enfaixado com bandagem bem apertada conforme mostra a figura 18 (o calcanhar fica descoberto para não machucá-lo). Não os coloque em água fria mas em água salgada. Seque os pés e as bandagens o mais possível com toalhas secas.

Então o paciente deverá descansar deitado até as bandagens ficarem completamente secas. A solução salina em que se colocam os pés com bandagem deve ter quase a mesma concentração de sal quanto a água do mar. Mas, neste caso, como o paciente não fica de pé de uma só vez, uma colher de chá cheia de sal será suficiente.

Porque as doenças que requerem o escalda-pé de 40 minutos são geralmente sérias, atenção especial deve ser prestada para cada detalhe a fim de não se cometer nenhum erro.

12. Cura cobrindo a perna

1) Efeito

O tratamento cobrindo a perna é bom para indivíduos ultra-sensíveis a resfriados, a narinas entupidas, dor de cabeça e torcicolos, doenças febris e doenças em geral. Esta cura substitui o método de escaldapé para aqueles que têm boca pequena, pois eles suam facilmente.

2) Método

Pegue três pares de saco de comprimento acima do joelho para enfiar as pernas. Devem ser bem mais largos que meias comuns, porque devem ficar folgados. Prenda-os com elástico ou barbantes acima dos joelhos, mas não muito forte. Os sacos podem ser feitos de flanela, tecido felpudo de toalha ou malha.

Começa-se com um par de sacos à noite, quando se vai dormir, e continua-se por 7 a 10 noites. Segue-se depois por mais 7 ou 10 noites com dois pares de sacos, ou seja, um par sobre o outro. No final acrescenta-se mais um par de sacos. O tempo de cura varia de acordo com a condição física da pessoa e a doença a ser curada. Quando estiver com os três pares de sacos, as mãos e os antebraços até os cotovelos devem ser enrolados com toalhas ou metidos em sacos também.

3) Nota

Em virtude de a cura da perna protegida por saco causar muita transpiração, deve-se tomar uma determinada quantidade de água fria, sal e vitamina C, durante a cura, todos os dias, antes de deitar ou antes de se levantar.

De manhã, antes de se levantar, tiram-se os sacos e deve-se ficar deitado de 5 a 10 minutos. Quando for ao sanitário, à noite, mantenha os sacos presos às pernas.

Para uma cura imediata de resfriado, usa-se um par de sacos na perna durante 10-20 minutos, em seguida outro par em cima do primeiro durante 10-20 minutos e logo a seguir mais um outro par. Os braços também devem ser protegidos por sacos. Deve-se manter o corpo sempre quente. Não se deve sair da cama nem para ir ao sanitário.

Quando a febre é fraca, usam-se dois pares de sacos todas as noites. Durante o dia não se deve usar os sacos, mesmo que o paciente fique deitado o dia todo.

Quando se usa mais de dois pares de sacos nas pernas, deve-se colocar dentro dos sacos o absorvente de cheiro Tsuruma. O método de ensacar as pernas e os braços é muito eficaz no primeiro estágio de sarampo.

13. Setenta por cento de compressa fria e quente

1) Efeito

O uso de compressas frias e quentes, alternadas (a duração da compressa fria é de 70 por centro da compressa quente anterior), é eficaz contra todas as espécies de dores locais como artritismo, gota, reumatismo, lumbago, dores nas costas, nevralgia intercostal, dores de estômago, etc.

2) Método

Ponha água quente numa bacia e água fria em outra e aplique alternadamente sobre a parte dolorida compressas frias e quentes, seguindo a tabela de tempo abaixo. As compressas quentes devem ser o mais quente possível, cuidando, porém, para evitar queimadura. Deve-se colocar um pedaço de pano entre a pele e a compressa quente.

Não é necessário seguir a tabela desde o começo, mas pode-se começar com uma compressa quente suportável e seguir a tabela até o fim.

3) Nota

De acordo com a idade do paciente, constituição, local da dor, a seriedade do sintoma, é aconselhável começar com uma compressa quente de menor duração, por exemplo, de 5 ou 3 1/2 minutos ao invés de compressas mais demoradas (20, 14 ou 10 minutos). Contrariamente, outros casos requerem compressas mais longas.

Enquanto a compressa quente deve ser aplicada sobre um pano seco, para evitar queimaduras, a compressa fria deve ser aplicada diretamente na pele.

Dois sacos de gelo, um com água quente e outro com gelo e água, podem ser usados ao invés de toalhas quentes e frias. Depois dessa dis-

Compressa Quente	Compressa Fria
20 minutos	14 minutos
14 minutos	10 minutos
10 minutos	7 minutos
7 minutos	5 minutos
5 minutos	3 minutos e 30 segundos
3 minutos e 30 segundos	2 minutos e 30 segundos
2 minutos e 30 segundos	1 minuto e 40 segundos
1 minuto e 40 segundos	1 minuto
1 minuto	1 minuto
1 minuto	1 minuto

Tabela de tempo para alternância das compressas quente e fria.

posição os estímulos vibratórios são algumas vezes dados aos rins para facilitar a eliminação das toxinas.

14. Banho vital (banho do abdômen)

1) Efeito

O banho vital fortalece os músculos abdominais, ativa os movimentos peristálticos do intestino e faz excretar as fezes estagnadas, curando gradualmente a prisão de ventre.

2) Método

Como o nome indica trata-se de um tipo de banho abdominal. O abdômen deverá ser friccionado com um pano (gelado) molhado, na direção dos ponteiros do relógio, e em volta do plexo solar que está localizado a 1 polegada, para fora, da parte superior esquerda do umbigo.

O sentido do relógio significa do lado direito inferior do abdômen, primeiramente para cima, depois horizontalmente para esquerda e para baixo. Se o pano molhado gelar muito a sua mão, você pode usar uma esponja presa por uma alça. Pode-se sentar diante de uma torneira aberta e mergulhar o pano de vez em quando na bacia colocada embaixo da torneira e friccionar rapidamente o abdômen.

A temperatura ideal da água é de 13 a 15° C. Quanto mais quente for a água menos eficaz será a fricção. A duração varia de acordo com a condição de cada um. Sete minutos são suficientes para uma pessoa saudável. Três minutos bastam para o paciente cuja doença não seja muito séria. Para uma pessoa muito doente um minuto é suficiente.

A velocidade da fricção deverá ser uma volta por segundo. A pausa para molhar o pano não deverá ultrapassar três segundos.

Este banho abdominal é menos eficaz para aqueles que normalmente tomam banho quente. Após um banho quente é necessário um intervalo de pelo menos 40 minutos antes de realizar o banho abdominal. Aqueles que usam a sucessão de banho quente e frio não precisam deste intervalo.

3) Nota

Durante o banho abdominal o paciente poderá ficar tremendo ininterruptamente. Neste caso bater com força em qualquer ponto vital interromperá a tremedeira. A fricção poderá inicialmente irritar a pele mas deve-se continuar com a mesma pois logo a pessoa se acostumará e a irritação desaparecerá.

15. Método da compressa abdominal

1) Efeito

A compressa abdominal pode ter um efeito miraculoso na cura de febres fracas, constipação ou nevralgia.

2) Método

Há uma compressa para o corpo inteiro mas aqui tratamos apenas da área abdominal, em redor do tronco no nível do abdômen.

Uma toalha grande ou outro tecido deve ser encharcado com água quente. A temperatura será de acordo com a capacidade do paciente a fim de que ela seja agradável. O pano deve ser bem torcido e disposto ao redor do corpo do paciente. A fim de evitar que o líquido do pano fique gotejando, uma faixa abdominal protegida por um pano impermeável deve ser posta sobre a compressa. Se o paciente tiver febre, a compressa ficará seca dentro de duas a três horas. Se a febre for alta, a compressa secará dentro de quarenta minutos. Nesse caso deve ser trocada por outra compressa de água quente.

A faixa abdominal não deve ficar nem larga nem apertada. Contra febre alta e nevralgia, o banho vital é mais eficaz do que a compressa abdominal. Para esta última, é necessária a prática simultânea de exercício capilar.

A compressa abdominal é bastante eficaz contra febre baixa mas persistente ou para paciente que precise repousar.

16. Método de resfriamento da nuca

1) Efeito

Refrescar a nuca é muito eficaz contra dor de cabeça, nariz entupido e coriza. Este processo cura também toda série de incômodos da cavidade oral e de outras partes próximas do pescoço.

FIG. 18 - MÉTODO DE RESFRIAMENTO DO OCCIPTAL

2) Método

Deita-se de costas sem travesseiro e coloca-se a cabeça dentro de uma bacia de 5 a 7 cm de profundidade. Coloca-se água fria aos poucos até encher 3 a 4 centímetros da bacia. A nuca deve ficar mergulhada na água durante um minuto se a temperatura da água for de 10° C, dois minutos se for de 15° C e três minutos se for de 20° C.

Este método pode ser aplicado duas vezes ao dia, de manhã e à noite, ou uma vez ao dia, antes de se deitar.

Este tratamento cura inflamação da garganta, da cavidade nasal e de outras partes da face (cavidade oral, lábios, língua, etc.) e regula a pressão cerebral e as atividades nervosas para o coração.

Na ilustração o homem está desenhado nu, mas não é preciso despir-se para este tratamento.

17. Método do fígado quente e língua gelatinosa do diabo (konnhaku)

1) Efeito

Fígado quente e baço frio são símbolos de saúde. A parte lateral direita do abdômen (fígado) deve ser quente e a esquerda (baço) fria. Fígado quente cura a hipertrofia (aumento de volume), congestão do fígado e previne contra a cirrose (endurecimento).

2) Método

Um ou dois pedaços de konnhaku (geléia de língua do diabo) fervida em água salgada e enrolada em diversos pedaços de pano dobrado devem ser colocados no hipocôndrio direito durante 20 ou 35 minutos antes de se deitar. À medida que a compressa for esfriando, vai-se retirando aos poucos cada um dos panos. Este tratamento deve ser seguido até de manhã na seguinte ordem:

	Fermentação quente	Pausa	Fermentação fria
1º período	14 noites consecutivas	1 noite	1 noite
2º período	10 noites consecutivas	1 noite	1 noite
3º período	7 noites consecutivas	1 noite	1 noite
4º período	5 noites consecutivas	1 noite	1 noite

Entre cada período não há pausa. De acordo com a condição física de cada um, o primeiro e segundo períodos podem ser omitidos. Também pode-se substituir o konnhaku por uma bolsa de água quente. Aquecedor de bolso que desprende gás não é aconselhável.

18. Método de jato de água

1) Efeito

O método de jato de água estimula os nervos e órgãos, tornando-os mais saudáveis.

2) Método

a) Método de jato de água no epigástrio (cavidade estomacal) ~ ~ ;-bre a 5ª, 6ª e 7ª vértebras toráxicas para doença estomacal.

A duração é de 1 minuto. O ideal é que o epigástrio e as vértebras toráxicas recebam o jato de água simultaneamente por 1 minuto, com um esguicho especial. Caso não tenha esse esguicho especial, jatos separados também servem.

a) Método de jato água no epigástrio (boca do estômago) e sonas partes superior, média e baixa do abdômen (Fig. 20).

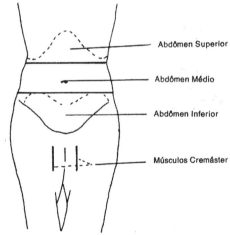

FIG. 20

ÁREA PARA JATO DE ÁGUA

Como foi dito anteriormente duas linhas imaginárias dividem o abdômen em três partes, uma ligando as partes mais baixas do hipocôndrio (laterais debaixo das costelas) e outra ligando os dois segmentos do osso ilíaco (o abdômen entre os ossos ilíacos). O jato de água deve ser atirado nas solas dos pés, músculos cremasterianos e nas três partes do abdômen durante um minuto, se possível, simultaneamente.

c) Método de jato de água no períneo para doenças da próstata. O paciente apóia suas mãos e antebraços no chão onde haja esgoto (por exemplo, o esgoto de uma banheira), abre as pernas sem dobrar os joelhos nem levantar os calcanhares do chão (Fig. 21).

Nesta posição, o períneo fica mais alto que qualquer outra parte do corpo. Uma toalha pode ser posta em volta dos quadris. O jato de água deve se aplicado sobre o períneo (entre o ânus e o genital) seguindo a tabela abaixo.

	Duração	Intervalo	Nº de vezes
Primeiro Período	20 segundos	1 vez a cada 2 semanas	7
Segundo Período	30 segundos	1 vez a cada 2 semanas	7
Terceiro Período	1 minuto	1 vez a cada 2 semanas	tão prolongado quanto necessário

Em outras palavras, o primeiro e o segundo períodos levam respectivamente cerca de três meses.

3) Nota

Deve-se ter em mente que o jato de água na parte posterior do períneo, isto é, em direção ao cóccix e o osso sacro, diminui a energia sexual e na parte frontal (genitais) aumenta-a.

FIG. 21

19. Método de vinte minutos de banho de água quente

1) Efeito

Este banho quente de 20 minutos dá saúde ao corpo todo, principalmente para os que sofrem de diabetes, catarata, glaucoma e hipertensão. Este método queima o excesso de açúcar e álcool no corpo, o que é a causa de membros frios, e normaliza a concentração de sal no fluido corporal.

2) Método

Visto ser difícil ficar na água quente (41°-42°, C) por 20 minutos desde o começo, deve-se seguir a tabela de tempo abaixo e ir-se acostumando gradualmente a um banho quente de curta duração e finalmente atingir um período de vinte minutos.

Um banho quente, sem considerar a duração, deve ser seguido por 1 minuto de banho frio. Antes de vestir-se, deve-se enxugar bem o corpo. Cerca de 50 minutos mais tarde, a fim de parar o suor, deve-se tirar toda a roupa e ficar nu durante o tempo indicado na tabela seguinte. O tempo

Banho Quente 41-42°	Banho Frio 10-18°	Quantidade de água a ser bebida	Quantidade de sal a ser reposta dentro de 2 horas	Quantidade de folha de dióspiro para usar em decocção (vitamina C)	Tempo/Min. de nudez mínimo após o banho	Padrão de pulsação
2 1/2 min.	1 min.	100 g	0,5 g	30 g	4 min.	5"
5 min.	1 min.	200 g	1,0 g	40 g	6 min.	10"
5 1/2 min.	1 min.	300 g	1,5 g	50 g	8 min.	15"
10 min.	1 min.	400 g	2,0 g	60 g	10 min.	20"
12 1/2 min.	1 min.	500 g	2,5 g	70 g	13 min.	25"
15 min.	1 min.	600 g	3,0 g	80 g	17 min.	30"
17 1/2 min.	1min.	700 g	3,5 g	90 g	21 min.	35"
20 min.	1 min.	800 g	4,0 g	100 g	25 min.	40"

Tabela 7 – O Método do Banho Quente de 20 minutos.

que se deve ficar nu é calculado de acordo com a temperatura ambiente como se fosse de 16ºC (60ºF).

Mesmo depois de um banho de vinte minutos, não é bom ficar nu mais de vinte e cinco minutos.

3) Sal e 20 minutos de banho quente

O sal deve ser ingerido salpicado em algumas frutas ou vegetais. Beber água com sal é prejudicial. Alimentos cozidos com sal tendem a causar prisão de ventre. Além do mais, é difícil saber qual foi a quantidade de sal ingerida.

Uma dieta de um dia sem sal comendo papa rala de arroz deve ser seguida cada duas ou três semanas para regular o excesso ou a falta de sal no corpo.

4) Suprimento de vitamina C

Deve-se beber a água de cocção de folhas de caqui para suprir o organismo de vitamina C.

5) Suprimento de água pura e fresca

Somente 30 ou 40 minutos antes e depois do equilíbrio do sal, deve-se tomar água fresca, não fervida, gole por gole e pouco a pouco. Durante o banho ou logo após, pode-se beber grandes goles.

6) O banho de 20 minutos e pulsação

O aumento do pulso na tabela 7 mostra superficialmente o padrão a ser atingido. Quando já se acostumou ao banho quente de 2 minutos e meio, de modo que o aumento da pulsação fique mais ou menos dentro do limite e, mais ainda, não se sinta nenhum mal-estar, somente então o banho quente pode ser prolongado por mais 2 minutos e meio. Procedendo-se assim, o banho quente deve ser gradualmente prolongado até 20 minutos.

Depois de 20 minutos de banho quente, o aumento de 40% da pulsação é tolerável, mas deve-se tentar reduzir esse índice para cerca de 20%.

O processo de 2 1/2 para 20 minutos é somente um treino preliminar. O propósito real é continuar o banho de 20 minutos por um determinado período de tempo.

Não se deve ter pressa. Um banho mais longo não deve ser tentado no começo, devendo-se seguir estritamente a tabela de tempo.

7) Duração da prática

Quando se segue a tabela de tempo acima, continua-se a tomar o banho de 20 minutos durante algum tempo. O excesso de álcool e açúcar do corpo é queimado completamente, e a pessoa se sente mais disposta, especialmente as pernas do joelho para baixo.

A habilidade de subir quatro andares pela escada, levando 40 segundos cada andar, sem sentir as pernas cansadas, indica que o banho de 20 minutos atingiu seu objetivo. Daí a sucessão de banho frio e quente conserva as condições físicas adequadas. Aqueles que conseguem subir facilmente quatro andares devem tentar subir do 1º até o 8º andar.

Existem mais sete meios de conseguir queimar o excesso de açúcar e álcool do corpo, mas este é o mais prático.

20. Queimar o excesso de açúcar e álcool do corpo pelo método da corrida

1) Efeito

Este método conserva a completa saúde do corpo e também acelera a renovação das células.

2) Método

É uma espécie de corrida estacionária ou, mais exatamente, a combinação de andar e saltar. Troca-se de pé cada vez que a pessoa salta. O movimento dos membros superiores é o seguinte: primeiro fecha-se as mãos bem forte, com o polegar debaixo dos dedos. Depois dobra-se os braços na altura do cotovelo, de modo que os antebraços fiquem na horizontal. Então estica-se os braços horizontalmente, para a frente do corpo, mas sua sincronização com o movimento dos pés é contrária à corrida comum. Isto quer dizer que quando o pé direito estiver saltitando o punho direito é empurrado e assim por diante. Quanto ao movimento das pernas alterna-se os pés com um salto rápido de modo a ficar sempre no mesmo lugar.

Esta corrida estacionária deve ser praticada de manhã e à noite, começando com 2 1/2 minutos. Quando você estiver habituado ao exercício e já não ficar sem fôlego, poderá aumentar a corrida por mais 2 1/2 minutos. O tempo máximo de duração são 25 minutos, que deve ser alcançado gradualmente, conforme é mostrado na tabela 8.

3) Nota

A cada salto, a sola inteira, principalmente o calcanhar, deve tocar o chão completamente. Para o exercício, o vestuário deve ser leve, pois a discordância da temperatura entre a parte superior do corpo e a parte inferior pode causar cãibra nas pernas. Se se esforçar para continuar o exercício, estando já sem fôlego, você pode ter um sintoma parecido com reumatismo.

Aquele que sentir dor na articulação do ombro, na frente, quando puxar todo o antebraço para trás, ou tiver algum problema na articulação dos pés, deve curar esses males antes de começar o exercício de corrida. O exercício capilar, o tratamento 70 por cento, emplastro, são eficazes para aliviar a dor.

Aqueles que praticam o exercício de corrida a fim de curar esterilidade devem fechar firmemente o dedo mínimo enquanto estiverem cor-

Tempo de Corrida (minutos)	Quantidade de água a ser bebida	Sal a ser reposto (g.)	Decocção de folhas de caqui para obtenção de Vitamina C (cc)
2 1/2	–	–	–
5	100	0,5	30
7 1/2	200	1,0	40
10	300	1,5	50
12 1/2	400	2,0	60
15	500	2,5	70
17 1/2	600	3,0	80
20	700	3,5	90
22 1/2	800	4,0	100
25	900	4,5	110

Tabela 8 – O método de queima do excesso de açúcar e álcool através da corrida.

rendo. Devem ainda repor o sal no organismo e comer alimentos ricos em vitamina C (consulte 32 – Método de ingestão de vitamina).

Quando o exercício causar transpiração, deve-se tomar banho imediatamente a fim de limpar o corpo. Depois de enxugar o corpo não se deve esquecer de suprir a perda d'água, tomando água fresca, sal e vitamina C, como indicado na tabela 8. Para uma explicação detalhada consulte 21, 22 e 23.

21. O método de suprimento de sal

1) Efeito

A fim de parar a transpiração noturna que é um sintoma de tuberculose, pleurisia, etc. primeiro deve-se tratar os males dos pés. Todavia, não se consegue uma terapêutica perfeita sem reposição adequada de água fresca, sal e vitamina C (Para esta última, é recomendado o chá de folhas de caqui).

2) Método

Os componentes do sal são os mais importantes de todas as substâncias inorgânicas que equilibram a acidez e a alcalinidade do nosso fluido corporal.

Não é necessário repor o sal que é fisiologicamente expelido na urina, mas no caso da transpiração, a mesma quantidade deve ser restituída. A concentração do sal na transpiração atinge de 0,3% a 0,7%, com média de 0,5%. A tabela seguinte mostra a quantidade de sal e vitamina C que se perde conforme a intensidade da transpiração.

Graus de transpiração	Sal	Vitamina C
Leve	2 g	40 mg.
Mais intensa (por hora)	5 g	100 mg.
Intensidade máxima (por hora)	7 g	140 mg.

Tabela 9 – Intensidade da transpiração e quantidade de perda de sal e vitamina C.

3) Notas

O sal deve ser ingerido com frutas, vegetais ou algum outro alimento como batata. Quando se faz o suprimento de sal não se deve tomar água durante 30 a 40 minutos, nem antes nem depois.

A ingestão de salmoura é, às vezes, usada nos casos especiais de hemostasia ou método purgativo, mas deve ser proibido para a reposição de sal, porque a salmoura não só provoca diarréia como também falha no propósito de suprir o organismo de sal.

Quanto ao laxativo, é recomendado o leite de magnésia MG $(OH)_2$ que cura lesões das paredes intestinais, se for o caso.

O sal acrescentado ao alimento cozido tende a causar prisão de ventre. Portanto não é aconselhável fazer o suprimento de sal depois de haver transpirado.

A fim de regular o excesso ou falta de ingestão de sal, uma dieta de papa rala de arroz, sem sal, deve ser praticada por um dia inteiro, cada duas ou três semanas (Consulte 29 – A cura pela papa rala de vegetal).

Para vitamina C, deve-se tomar água de decocção de folhas de caqui (Consulte 23 – O método de suprimento de vitamina C).

22. O método que consiste em beber água fresca

1) Efeito

A água é necessária para a circulação do sangue, a atividade das linfas, regular a temperatura corporal, a produção fisiológica da glicose, metabolismo das células, aceleração da capilaridade, limpeza dos órgãos internos, desintoxicação, prevenção de prisão de ventre, prevenção da produção de guanidina, tratamento de diarréias e vômitos, reposição de cálcio, eliminação do odor corporal, melhoria do brilho da pele, prevenção contra alcoolismo e úlcera, tratamento de epilepsia, cuidados depois da transpiração, etc. Os efeitos da água são portanto infinitos.

2) Método

a) Para sabermos a quantidade de água de que um adulto necessita por dia, precisamos saber como e quanto de água é expelida diariamente.

Respiração pulmonar	600g
Transpiração pela pele	500g
Urina	1.300g
Fezes	100g
Total	2.500g

Tabela 10 – Quantidade de água expelida diariamente.

Considerando a quantidade de água contida em nossa alimentação e a quantidade bebida, nós devemos ingerir diariamente de 1500-2000g de água fresca, não fervida.

b) Por que devemos beber água não fervida?

Porque a água não fervida tem, do ponto de vista bioquímico, propriedades completamente diferentes da água fervida. Por exemplo: Para cortar a diarréia imediatamente bebe-se água não fervida, mas água fervida fria ou chá verde não fazem este efeito.

c) Uma vez acostumado à água não fervida, pode-se ver como a água mesmo levemente quente se torna sem gosto. Aqueles que não conseguem beber água fria podem deixar a água num lugar aquecido ou ao Sol, porque isto não altera muito o gosto da água. Pode-se também misturar água fresca com água fervida para beber água morna. No entanto deve-se tentar beber água fresca de modo que se possa beber água não fervida.

d) Água fresca não fervida não deve ser substituída por água salgada, nem por água fervida e nem por chá.

e) Pelas 8 horas da manhã seria ideal beber uma quantidade de água equivalente a 2-2 1/2 vezes a quantidade de urina expelida de manhã. A mesma quantidade de água deve ser tomada respectivamente entre 8 e 12 horas, entre 12 e 15 horas e entre 15 e 17 horas.

f) Para aqueles que não estão acostumados com a água não fervida, recomenda-se beber 30 gramas de meia em meia hora durante o dia todo. É recomendável também para pessoas inválidas ou pacientes que queiram recuperar a saúde. Este método previne e cura gastrite, úlcera intestinal ou do duodeno, nevralgia, reumatismo, epilepsia, etc. A enurese noturna também pode ser tratada pelo uso contínuo deste método pelo período de um a seis meses. A urina pode tornar-se mais intensa ainda, mas isto é apenas um sintoma temporário. Não se deve ter receio e parar o tratamento, mas deve-se tentar superar rapidamente esse período.

g) Durante uma refeição ou enquanto o corpo estiver sob a reação do banho ou logo depois deve-se tomar uma boa quantidade de água, porque o corpo absorve-a muito bem.

h) Em geral, seria melhor beber um ou dois copos cheios de água (cerca de 180-360 cc) enquanto estiver lavando o rosto de manhã e também durante o almoço e o jantar. Durante o resto do tempo deve-se ingerir 30 g cada meia hora (em outras palavras, uma média de 1 g por minuto). Supondo-se que uma pessoa levanta às 6 horas da manhã e vai deitar-se às 10 horas da noite, ela precisaria beber cerca de 1.200g de água ao dia.

i) Depois de transpirar, deve-se repor a água. A seguinte tabela mostra a quantidade de perda de água pelo corpo através da transpiração:

transpiração leve	400g
transpiração um tanto intensa	1.000
transpiração intensa causada por trabalho pesado	1.400g

Tabela 11 – Intensidade e quantidade de transpiração.

Se as virilhas ficam úmidas com a transpiração quando se deita por duas horas, a quantidade de transpiração durante a noite é calculada em cerca de 300g para um adulto e 200g para uma criança com menos de 15-16 anos de idade. Não é rara a perda de 2.000 a 4.000g de água pela transpiração quando o tempo está muito quente.

j) A água ingerida depois da transpiração deve ser fresca e não fervida.

k) Diarréia e vômitos deixam o corpo com falta de água e a mesma quantidade deve ser restituída. Mesmo no caso de intensa diarréia, exceto devido à cólera, a água expelida do corpo não excede a 1.000 cc. Neste caso o paciente deve ingerir água à vontade. A quantidade de água perdida deve ser reposta logo, porque se demorar muito não será possível hidratação satisfatória.

l) Envenenamento por bebida alcoólica é evitado ingerindo-se água, três vezes mais a quantidade de saquê. No caso de bebidas mais fortes como uísque ou outras semelhantes a quantidade de água a ser consumida deve ser aumentada de acordo com o grau alcoólico da bebida. Geralmente o uísque é três vezes mais forte que o saquê. Um velho provérbio japonês diz:

"Só um bêbado poderá apreciar, realmente, um copo d'água fria", o que expressa um desejo natural e também uma boa norma de higiene.

Ingerir água antes de consumir bebidas alcoólicas previne doenças de embriaguez.

3) Nota

Diarréia e vômito requerem somente a reposição da água mas a transpiração requer também a reposição do sal e da vitamina C pela decocção de folhas de caqui. Transpiração noturna, mesmo que seja abundante, não enfraquece o paciente se as três substâncias (água, sal e vitamina C) forem restituídas correta e suficientemente.

A freqüente ingestão de água não fervida aumenta a resistência a doenças infecciosas. Aqueles que não bebem água usualmente são propensos a disenteria, encefalite, insolação, etc. A ingestão oportuna de água e clister de água morna (água não fervida temperada com água quente) previne os pacientes que sofrem dessas doenças de apresentarem graves sintomas e eles se recuperarão mais rapidamente. Além de excretar as fezes, o clister tem mais duas funções importantes: suprir de água o intestino grosso e neutralizar as toxinas nele geradas. Por este motivo uma pequena quantidade de água quente e água não fervida devem ser misturadas para se tornar morna a água.

Proibir uma criança de beber água no verão é como se a forçasse a cometer suicídio. Quando a ingestão de água é proibida ou se toma um medicamento, a diarréia torna-se perigosa. A diarréia pode ser curada rapidamente somente com a ingestão de água.

23. Método de reposição de vitamina C

1) Efeito.

A vitamina C é indispensável para a prevenção e tratamento do escorbuto, piorréia alveolar, dor de dentes, gengivite, febre alta, doenças febris, hemorragia, hemorragia subcutânea, úlcera, hemoptise, hematêmese, disritmia, doenças infecciosas, doenças de pele, especialmente urticária e eczema. Uma pessoa sã precisa de 25 a 30 gramas de vitamina C por dia. Desde que uma febre fraca ou transpiração consuma uma grande quantidade de vitamina C, para impedir o desenvolvimento das doenças esta quantidade de vitamina C deve ser restituída.

Falando francamente, uma pessoa contrai doenças como simples resfriado, gripe, tuberculose, etc. pela falta de vitamina C. A hemorragia subcutânea que também é causada pela falta de vitamina C torna uma pessoa vulnerável a outras doenças infecciosas.

2) Método.

1. A ingestão de remédio sintético contendo vitamina C não é suficiente. De acordo com os exames de urina, de 50 mg injetados, somente 5 mg são absorvidos. Além do mais, seu efeito dura somente de 2 a 3 horas. Para a reposição da vitamina C, o chá de folhas de caqui é altamente recomendado. Pode-se também consumir uma mistura de mais de cinco espécies de vegetais crus, incluindo folhas e raízes que devem ser cortados bem finos e bastante granulados.

Aqueles que têm a meia-lua das unhas bem claras devem tomar vitamina C de chá de folhas verdes. Cem gramas de chá de folhas verdes de alta qualidade, quando não forem bem fervidas mas deixadas em infusão em água quente do modo mais comum, contêm 222 mg de vitamina C. Para quem não tem meia-lua nas unhas, isto neutraliza a acidez do suco gástrico e prejudica o estômago.

2. Para urticária, eczema úmido, etc., chá de folha de caqui pode ser aplicado diretamente sobre a parte afetada. Dor de dente é também aliviada pela aplicação desse chá diretamente na gengiva. Para olhos congestionados e conjuntivite, deixa-se as folhas de caqui na água durante a noite, acrescenta-se leite de magnésia na proporção de 1/6 a 1/10 e lava-se os olhos com essa água.

Quantidade de vitamina C contida nos alimentos abaixo:

"Hip" (fruto da rosa silvestre)	1250 mg%
água de decocção de folhas de caqui	600-800
pimenta caiena	186-360
"laver"	243
chá verde	60-240
chá manufaturado	222
espinafre	50-100
rabanete de verão	96
repolho chinês	62
caqui	49.9-72
limão	32-56
repolho	34-50
raízes de lótus	49.9
laranja	36
alho	30
laranja de verão	28-76 mg%
ervilha	26
aipo	24
batata doce	5-22
quebra-pedra	20
cebolinha	20
melão	18
rabanete (inteiro)	15.7-20
tomate	15.1-20
batata	12.6
pêssego	10
banana	8
cenoura	16-66
cebola	2
rosa silvestre perfumada	2.200

Tabela 12 – Quantidade de vitamina C contida em alimentos diversos.

Se "hip" for tomada como fonte de vitamina C, deve-se ir acostumando aos poucos, tomando um grão por dia, no começo, porque é um alimento forte e abusar é perigoso.

O método para fazer a decocção de folhas de caqui é mostrado abaixo.

A vitamina C é indispensável na prevenção da hemorragia subcutânea. Carência de vitamina C também causa piorréia alveolar e escorbuto.

Quando a reposição da vitamina C é suficiente, as vitaminas A e B serão absorvidas do alimento naturalmente e elas funcionarão satisfatoriamente.

3. Como obter vitamina C das folhas de caqui

a) Preparação das folhas de caqui.

As folhas devem ser apanhadas da árvore de qualquer espécie de caqui, doce ou adstringente. Elas são ricas em vitamina C enquanto estão verdes, principalmente de junho a outubro (no Japão). O melhor horário para apanhá-las é entre 11 horas da manhã e 1 hora da tarde pela mesma razão. As folhas apanhadas devem ser tratadas assim:

1. Lavá-las e deixá-las secar na sombra por 2 ou 3 dias.
2. Retira-se as nervuras das folhas já secas, corta-se as folhas com uma faca em espaços de 3 mm. Não se deve usar tesoura porque, ao cortar as folhas, ela pode esmagar as partes seccionadas.
3. Põe-se dois litros de água para ferver dentro de um pote. Esta quantidade é para 100 folhas. As folhas depois de cortadas ficam descansando por 40 minutos; em seguida, são colocadas dentro do pote, mexe-se e tampa-se o pote por exatamente 3 minutos.
4. Depois de ferver por 3 minutos o pote deve ser imediatamente resfriado com água corrente dentro de uma bacia grande.
5. Quando esta infusão for resfriada, ela deve ser filtrada várias vezes em três pedaços de gaze. Este cozimento produz cerca de 1,800 litros do líquido que deve ser posto em garrafas de boca estreita, não transparentes (se forem transparentes devem ser embrulhadas em papel marrom) e guardadas em lugar fresco. Cem gramas deste líquido contêm 600-800mg de vitamina C.

Supondo que 500 g de água sejam expelidos diariamente pela transpiração e que sejam perdidos 50mg de vitamina C, 30 gramas desse líquido serão suficientes para repor esta quantidade. Vinte gramas deste líquido aumentam o valor de uma mamadeira. Um paciente febril ficará bom bebendo 40g desse líquido diariamente.

Já que chá das folhas de caqui é levemente ácido, não se deve tomar bebidas fortemente alcalinas como café, chá manufaturado, etc., assim como também leite de magnésia. É necessário um intervalo de 50 minutos, do contrário a vitamina C torna-se ineficaz.

Esta decocção tende a produzir sedimento parecido com nuvens. Quando começam a aparecer, este líquido deve ser filtrado.

Quatro gramas de ácido bórico dissolvido e misturado em uma pequena quantidade de água quente, acrescentados à decocção, evitam que o chá se estrague, mesmo nos dias mais quentes.

Se ferver o cozimento novamente, a vitamina C será destruída. As folhas devem ser removidas por meio de coador.

b) Como fazer chá das folhas de caqui

As folhas são apanhadas, lavadas e secas na sombra por 2 dias se o tempo for bom e, se não, por 3 dias, ainda sem cortar as nervuras. Pique as folhas com 3mm de largura. Ferva a água num pote *Seiro* (recipiente raso especial para vapor) que deve ser esquentado o suficiente, tirado do fogo, e nele rapidamente são colocadas as folhas picadas a uma profundidade de 3 cm. Põe-se o pote novamente no fogo com tampa.

Deixe as folhas no vapor por 1 minuto e meio, remova a tampa e abane-as por 30 segundos a fim de dispersar as gotas d'água do vapor. Torne a tampar e pôr o pote novamente para receber vapor por mais 1 minuto e meio. Em seguida tire o recipiente fora do pote e espalhe rapidamente as folhas vaporizadas sobre um papel grande ou uma cesta apropriada ou assadeira e deixe-as secar na sombra.

O resto das folhas deve ser vaporizado da mesma forma. Abanar por 30 segundos durante a vaporização é necessário para impedir que as gotas contendo vitamina C venham a cair. As folhas vaporizadas devem ser bem secas – rapidamente – num lugar bem ventilado e depois guardadas numa caixa hermeticamente fechada. Cem g de infusão destas folhas de chá de caqui devem conter 600-800mg de vitamina C, caso não haja muita perda no processo de secagem. Entretanto, considerando-se a perda devido à falta de experiência neste processo caseiro de infusão de folha de caqui, a quantidade média produzida é de 400mg de vitamina C.

No entanto a infusão é boa para a reposição diária de vitamina C, mas contra febre (baixa ou alta) a decocção é mais eficaz. É uma boa idéia tomar a decocção de junho a outubro, quando as folhas estão bem verdes e em grande quantidade. Deve-se fazer chá e decocção durante o resto do ano antes que as folhas se tornem vermelhas a partir do fim de outubro, quando as folhas verdes ainda são disponíveis. Nesta época, pode-se deixar preparado chá para o uso diário e decocção para emergências (febre, dor de dente, etc.).

c) Notas sobre folhas de caqui

Se as folhas picadas de caqui forem secas sem passar pelo processo de vapor, a vitamina C desaparecerá. Secando-se as folhas apanhadas por mais de dois dias de tempo bom ou três dias de tempo nublado ou chuvoso também se diminui a quantidade de vitamina C. Não é vantajoso ferver mais de 100 folhas picadas a fim de fazer um chá mais concentrado. Ainda não é possível a produção de chá concentrado.[1]

O chá de folha de caqui é preparado como se segue: ponha um punhadinho de folhas num pote pequeno que não seja de metal ou numa garrafa térmica, ponha água quente em cima e deixe de molho de 10 a 15 minutos antes que o chá fique forte. Folhas usadas continuam ricas em vitamina C. Você pode usá-las por mais duas vezes. Jogando água quente sobre as folhas usadas e deixando-as durante a noite algumas vezes o chá fica bastante forte.

Embora o chá manufaturado deixado durante a noite seja prejudicial, o chá de caqui é sempre benéfico. Para fazer chá de folha de caqui com água fria, as folhas precisam ser deixadas de molho cerca de 1 1/2 hora.

É bom beber chá de folha de caqui misturado com água não fervida, mas o oxigênio contido na água destrói a vitamina C. Assim, a mistura deve ser consumida dentro de algumas horas. Por exemplo, se a mistura for feita logo depois do meio-dia, ela deve ser tomada toda nesse mesmo dia. A análise da quantidade de vitamina C não é possível ainda para um não profissional. A vitamina C ingerida, quando eficaz, fixa um dente solto. Quando não acontecer isso quer dizer que a vitamina C contida não é muito alta. Se a decocção cheira mal, o que pode acontecer no verão, deve ser jogada fora.

---

1. A concentração do chá da folha de caqui foi feita em 1940 e é produzida e vendida sob o nome de *asmin*.

d) Quanto se deve beber da decocção

Se a pessoa é sã e ainda não faz nada para transpirar, 30 gramas de decocção são suficientes por um dia. Mas se a pessoa tem febre ou se transpira, a quantidade a ser ingerida deve ser aumentada de acordo com a temperatura ou a intensidade da transpiração como se segue:

Temperatura Corporal	Vitamina C destruída pela febre (por dia)	Decocção de folhas de caqui a ser reposta (dia)
36,5°C	40-60 g	30 g
37,5°C	70-90 g	40 g
38,5°C	130-150 g	50 g
39,5°C	310-330 g	60 g
40,5°C	850-870 g	150 g
41,5°C	2470-2490 g	450 g

Tabela 13 – Relação entre a temperatura corporal e a vitamina C.

Nível de transpiração	Reposição de decocção de folhas de caqui
Úmida	25 g
Mais intensa	30 g
Intensa (causada por trabalho duro)	40 g
Intensa (durante a estação mais quente)	60-120 g

Tabela 14 – Transpiração e reposição de Vitamina C.

Sob condições normais, 30 g de cozimento são necessários diariamente. Portanto no caso de febre ou transpiração, esta quantidade deve ser acrescentada à quantidade indicada acima.

Aqueles que têm falta de vitamina C devem continuar a reposição por um período de tempo antes que possam sentir sua eficácia.

Leite de magnésia não deve ser tomado juntamente com decocção de folha de caqui ou com dieta de vegetal cru. Vinte gramas de decocção misturados com água devem ser dados diariamente a um lactente. Pode-se adoçar com pouco açúcar, mel, etc. mas não deve ser mais doce que o leite da mãe. O doce normal para um adulto é demasiado para um lactente. Uma vez habituado ao muito doce, o lactente não aceita tomar nada menos doce. É importante criar bons hábitos desde o começo.

e) "Hip" (fruto da roseira silvestre)

Uma vez que a semente da "hip" é diarréica, ela deve ser removida e somente o resto é usado como fonte de vitamina C. Um grão por dia é suficiente. Para a conservação, as "hips" das quais as sementes são removidas devem ser submetidas ao vapor por 1 1/2 minutos e secas na sombra.

f) Efeitos da vitamina C

A vitamina C é absolutamente necessária para: 1) o normal crescimento dos dentes, 2) manutenção da saúde das células do endotélio, 3) função fisiológica dos vasos capilares e glômus (anastomose arteriovenosa), 4) aumento da resistência contra bactérias, 5) metabolismo de oxigênio, 6) regeneração das células do sangue e 7) manutenção da pressão normal do sangue.

g) A necessidade da vitamina C

A carência de vitamina C provoca: 1) alteração patológica dos vasos sangüíneos e capilares (fragilidade, tendência a hemorragias, hemorragia subcutânea, aparecimento de manchas pretas e azuis, púrpura e veias varicosas), 2) degeneração dentária (necroses, cáries), 3) doenças da gengiva (sangramento, dente mole, dor, piorréia), 4) degeneração das juntas e ossos (descalcificação, fragilidade), 5) hemorragia das membranas mucosas, 6) mudanças patológicas susceptíveis nos tecidos epiteliais (úlcera na cavidade oral, nos intestinos, etc.), 7) perda da resistência às infecções, 8) alteração do crescimento e diminuição do peso, 9) esclerose, degeneração e abertura dos glômus ou seu desaparecimento, frouxidão e atrofia, 10) atrofia ou hipertrofia das glândulas, diminuição de adrenalina da supra-renal, 11) secreção anormal da tireóide (estruma), 12) degeneração do sangue (susceptibilidade a certas espécies de anemia, hipocromatemia, destruição da cartilagem óssea), 13) fraqueza, depressão e irritabilidade, aumento da taxa de sedimentação das células vermelhas, 14) aumento do peso ou crescimento do baço, fígado, rins, estômago, intestino, etc., 15) respiração ofegante, palpitação, 16) hipertensão, 17) hipotensão, 18) artrite, nevralgia, gota, reumatismo, 19) má influência sobre o feto (por exemplo, nascimento prematuro), 20) tendência a subir a temperatura do corpo, 21) membros frios, 22) agravação de edema, 23) tendência à esterilidade, 24) catarata, glaucoma, 25) diátese alérgica, 26) escorbuto genuíno, 27) senilidade, 28) diminuição da vida e assim por diante. Podemos concluir que a falta de vitamina C causa quase todas as doenças.

24. Método do jejum

1) Efeito

O jejum é eficaz para quase todas as doenças crônicas (gastrotonia, hiper-acidez, úlcera do estômago, outras doenças gastro-intestinais, nevralgia, reumatismo, cefaléia, rigidez do músculo do ombro, prisão de ventre, diarréia crônica, indisposição em geral, etc.). Aqueles que estão sofrendo das doenças acima ou aqueles que não têm nenhum sintoma particular, mas apesar disso sentem-se cansados e deprimidos, devem antes de mais nada abster-se da refeição matinal e contentar-se com duas refeições por dia.

2) Método

É melhor parar imediatamente de comer pela manhã e alimentar-se somente duas vezes ao dia. Mas aqueles que não conseguem alterar um costume antigo de uma vez podem comer um pedacinho de pão ou um pouco de mingau ralo de arroz morno e ir diminuindo gradualmente a quantidade. Frutas ou verduras cruas são permitidas temporariamente para os que não conseguem ficar sem a refeição da manhã. É melhor não tomar sopa de milho, leite, suco de frutas, chá preto, café ou qualquer espécie de chá verde com água até o meio-dia. Isto quer dizer que seria melhor não tomar nenhum alimento ou bebida a não ser água ou chá de folha de caqui, até o sol chegar no zênite.

Não é somente desnecessário mas prejudicial comer demais no almoço e no jantar para repor a falta do café da manhã, com receio da falta de calorias.

Se uma pessoa alimentar-se na proporção de 10:10:10 no café da manhã, almoço e jantar, ela agora deve tomar somente 10 no almoço e outros 10 no jantar, depois de ter deixado de alimentar-se de manhã. O total de alimento ingerido é diminuído de 1/3.

O importante não é o quanto se comeu mas o quanto foi digerido e absorvido. Se uma pessoa come três pratos de arroz em cada uma das três refeições e é capaz de digerir somente seis, os outros três não são apenas desperdício mas se transformam em carga e cansaço para o estômago. O método de jejuar de manhã aumenta a eficiência da digestão, facilitando a absorção. Seis pratos por dia tornam-se suficientes para uma pessoa que, antes, precisava de nove. Com a diminuição da carga, o estômago e os intestinos e mesmo os rins funcionam melhor. Este método cura até doenças crônicas e melhora bastante a saúde. O jejum matinal pode causar tonturas leves ou um estado de irritação lá pelas 10:30 hs. Diminuição do peso ou outros sintomas podem aparecer. Mas não devem causar preocupação esses sintomas temporários, pois estão promovendo uma limpeza total do corpo e da mente. Ao contrário, deve-se tentar vencer esta dificuldade, bebendo água e decidir-se pelo hábito de tomar só duas refeições por dia. Algumas pessoas podem ficar surpresas em um mês, graças ao efeito do método adotado. Todavia, o resultado maior só aparece entre os três e seis meses. Então pensará a pessoa: "Não entendo como eu comia tanto de manhã". Dispensar a refeição matinal é, algumas vezes, mais difícil para aqueles que têm boa digestão. No entanto eu desejo que mesmo estas pessoas, corajosamente, adotem este novo hábito, sem meias medidas, porque, independente dos sintomas que possam sentir, suas vidas nunca estarão ameaçadas. Ao contrário, a saúde será melhorada com a dispensa da refeição matinal.

3) Nota

Mesmo uma criança em crescimento, uma pessoa de idade avançada ou uma mãe lactante pode ficar sem a refeição matinal. Falando com sinceridade, a família inteira deveria abster-se do café da manhã. Se não for possível, pelo menos aqueles que queiram seguir este método deveriam adotá-lo mesmo sem a cooperação da família.

É bom costume que o bebê não tome leite, se possível, antes das 10:30 da manhã. Não se deveria dar nada para a criança comer antes das 10:30 da manhã.

Uma pessoa que deixou de tomar a refeição matinal, e, mais ainda, tomou um copo de suco de verduras cruas (contendo folhas e raízes) continuamente no almoço e no jantar expeliu durante dois meses dois grandes áscaris a cada dois dias. Isso mostra a eficácia do método do jejum matinal.

25. Cura pela dieta de vegetal cru – 1

1) Efeito

A dieta de vegetal cru: 1) acelera a evacuação de fezes estagnadas, 2) reforma a constituição física, 3) regenera, fortalece e ativa o glomo, 4) purifica o sangue e a linfa, 5) revigora o tecido das células, 6) renova as células e assim por diante. Portanto esta dieta tem um maravilhoso efeito contra as doenças gastro-intestinais, falta de circulação, problema dos rins, hipertensão, hipotensão, diabetes, gorduras (adiposidade), obesidade, hemorragia cerebral, apoplexia, nevralgia, reumatismo, tuberculose, asma, peritonite, ascite (hidropsia), doenças tuberculosas, dermatoses, etc.

2) Método

A dieta crua quer dizer dieta de vegetal fresco e cru. Não inclui peixe cru, ovo cru, leite ou frutas cruas. Os vegetais crus não devem ser temperados, a não ser com sal que deve ser reposto depois de abundante transpiração. Quando não é possível obter uma quantidade suficiente de vegetal cru, farinha de arroz integral pode ser usada como substituto. Neste caso, 140 g em grão ou 54 g de farinha são a quantidade máxima por um dia. Além disso a prisão de ventre deve ser prevenida com suficiente ingestão de água.

Apesar de frutas serem permitidas em pequena quantidade (até 10%), seria melhor que fossem excluídas no começo, porque se é tentado a comer muita fruta, enquanto não se está acostumado ainda à dieta. Se não conseguir, a quantidade máxima deve ser estritamente observada.

Tomates, pepinos, berinjelas, abóbora e outros frutos de verão (legumes) não se devem usar em demasia.

Verduras cruas são algumas vezes deixadas de molho durante 1 ou 2 minutos em água quente para desinfecção. Mas quando elas estão frescas e limpas não é necessário proceder assim.

É ideal continuar a dieta de verdura crua por 45 dias consecutivos. Se não for possível, de 7 a 10 dias, ou mesmo 1 ou 2 dias são úteis. Para uma dieta de um dia inteiro, que seja feita somente uma vez por semana, não é necessário triturar os vegetais.

3) Nota

Caso se queira praticar a dieta de vegetais crus por longo tempo, é necessário ir diminuindo gradualmente o alimento cozido e ir substituindo por vegetais crus triturados. Esta transição deve durar cerca de uma semana. O retorno para o alimento cozido deve ser também gradual. Uma vez tornado à alimentação normal, geralmente sente-se um extraordinário apetite. Todavia, sempre é conveniente não comer em excesso.

Aqueles que estão sob estrita dieta de vegetal cru por um determinado período de tempo geralmente emagrecem no começo. No entanto, quando eles mesmos ou sua família ou amigos ficam em dúvida sobre o valor nutritivo da dieta, eles mesmos podem ficar preocupados e continuar a perder peso. Ter uma firme convicção é muito importante nestas circunstâncias.

A rigorosa dieta de vegetal cru durante dias mata e faz expelir parasitas do corpo. Se a pessoa se serve de vegetais frescos e lava-os bem, não há por que preocupar-se com parasitas ou bactérias, desde que mastigue os vegetais. Se houver qualquer parasita, os ovos serão destruídos.

Falando de um modo geral, 1.100 a 1.300 g de vegetais crus por dia serão suficientes. Mas é arriscado generalizar por causa da diferença de eficiência entre a digestão e absorção de cada um. Todavia, cerca de 1.700 ou 1.800 g serão sempre suficientes. Cada pessoa sabe se a ingestão é suficiente ou não, de acordo com seu próprio peso. Nas duas ou três primeiras semanas, por causa da eliminação das toxinas do alimento cozido, o peso do corpo declina. A partir daí a pessoa começa a recuperar o peso gradualmente. Se não acontecer isto, a ingestão de vegetal cru não está sendo suficiente. Batata-doce, batata, inhame, vegetais amargos como bardana e jiló, devem ser usados em pequenas quantidades. Plantas silvestres azedas devem ser evitadas.

Os principais vegetais apropriados para a dieta de hortaliças cruas são os seguintes: As mais diversas espécies de rabanete (rabanete japonês, rabanete de verão, etc.), nabo, cenoura, espinafre, repolho, couve de Bruxelas, alface, "komatusuna" (uma espécie de repolho chinês), "tsukena" (uma espécie de nabo silvestre), folha de mostarda, acelga suíça, agrião, escarola, "udo" (aralva cordata), alho porro, cebola, inhame, raiz de lótus, salsa, salsão, "tetragonia expansa", broto de feijão, pimentão espanhol, abóbora, tomate, pepino, melão, melão branco, berinjela, etc., além de plantas silvestres como mostarda, dente de alho Muruge, bolsa de pastor, morião de passarinhos, beldrosa. O pimentão japonês e a folha de hortelã podem ser usados em pequenas quantidades para dar gosto.

As folhas das hortaliças representam os raios de sol enquanto suas raízes, os minerais da terra. O ideal da dieta das hortaliças cruas é que seja composta da mesma quantidade de folhas e raízes, sempre que possível. Esta dieta será sempre válida, mesmo que este princípio não seja estritamente observado.

Os vegetais para a dieta devem ser preparados do seguinte modo: retire as partes murchas ou estragadas e lave-os bem, usando uma escova para os vegetais com raízes. Depois corte as folhas bem finas, rale as raízes e misture tudo muito bem.

Os vegetais assim preparados devem ser ingeridos logo que possível (dentro de 30 minutos no máximo). Quando for necessário transportá-los, uma garrafa térmica deve ser usada. No começo, a dieta de vegetais crus pode causar diarréia ou perda de peso, se não forem moídos. Isto porque os intestinos não conseguem digeri-los bem. Uma pessoa sã precisa comer vegetais triturados durante duas ou três semanas e um doente, durante quarenta e cinco dias. Aqueles que não têm meia-lua em suas unhas devem mastigá-los muito bem.

Comer muita fruta, em vez de hortaliças, causa desnutrição, como também problemas na pele. Portanto, as frutas devem ser evitadas tanto quanto possível.

Quando não há disponibilidade suficiente de hortaliças pode-se reduzir a quantidade para 300-400 g por dia e o resto pode ser completado por 140 g de farinha de arroz integral. Mas a farinha de arroz é mero substituto e não deve ser utilizada quando houver hortaliças suficientes.

Se você continuar a dieta de hortaliças cruas por uma semana ou mais, a temperatura de seu corpo baixará cerca de 1 grau. Você sentirá muito frio. Não se preocupe, porém, nem use aquecedor para se esquentar.

Enquanto estiver seguindo a dieta de hortaliças cruas por algum tempo, você deve ter seu quarto bem ventilado. Além disso, pratique a cura pelo Hadaka e a sucessão do método de banho, necessários para melhorar a digestão e a absorção das hortaliças cruas e para evitar a possível ocorrência de desnutrição.

A ingestão de decocção de folhas de caqui deve ser evitada durante a cura pela dieta de hortaliça crua. Leite de magnésia e hortaliças cruas devem ser consumidos separadamente com o intervalo de mais de 40 minutos entre a ingestão de cada um.

A dieta de vegetal cru pode algumas vezes causar prisão de ventre no começo, mas isto é temporário e será superado logo se você tomar bastante água não fervida. Quanto à diarréia, ela ocorre quando há fezes estagnadas a serem evacuadas.

26. Cura pela dieta de vegetal cru – 2

1) Efeito

Esta cura pela dieta de hortaliça crua, bem diferente da cura pela dieta estritamente de verdura crua analisada anteriormente, é recomendada àqueles que costumam comer alimentos cozidos e que não estão ainda acostumados com a dieta de hortaliças cruas (Consulte 25 – Cura pela dieta de vegetal cru).

2) Espécies de alimentos crus a serem utilizados

a) *Frutas*: banana, laranja, melão, frutas cítricas, pêra, maçã, uva.

b) *Vegetais*: tomate, alface, repolho chinês, repolho, pepino, rabanete, cenoura, broto de feijão, nabo, espinafre, salsa, trevo, salsão.

c) *Raízes*: batata-doce, bulbo de lírio.

d) *Castanhas*: noz, amêndoa.

e) *Suplementos*: leite cru, metade de um ovo quente, manteiga sem sal, torrada (cerca de 2 fatias).

f) *Tempero*: vinagre de fruta, alga marinha, alho porro, rabanete ralado, semente de gergelim, sementes de papoula.

3) Como seguir a dieta de vegetal cru

Antes de tudo é importante que o vegetal seja fresco. Lave bem os vegetais em água corrente e deixe-os de molho cerca de 1 minuto em água quente. A desinfecção é necessária porque esta dieta de vegetal cru é para aqueles que estão habituados a alimentar-se de comida cozida. Talos ocos, folhas ou raízes devem ser picados para que a desinfecção seja bem feita.

Um dia inteiro de dieta é suficiente para a higiene do corpo. Visando-se, porém, a cura de doenças como má circulação, doenças dos rins, hipertensão, diabetes, obesidade, reumatismo, etc., a dieta de vegetal cru deve ser seguida continuamente por diversos dias. Aqueles que quiserem se submeter a uma estrita dieta de vegetal cru por longo tempo, precisam ir diminuindo gradualmente a ingestão de sal, como segue:

1º dia	5-10 gramas
2º dia	3-5 gramas
3º dia	1,5-2 gramas

Depois, devem comer somente frutas por 1 dia e a partir daí começar a estrita dieta de vegetal cru. Durante a cura, deve-se observar cuidadosamente o peso do corpo, a quantidade de urina e seu aumento de gravidade.

4) Como preparar a dieta de vegetal cru

A dieta de vegetal cru deve ser preparada tendo-se em vista o paladar do interessado. No entanto, a principal parte da dieta deve ser de vegetais crus. Os outros produtos mencionados acima devem ser usados somente como acréscimo. Os artigos mencionados como suplemento e temperos devem ser acrescentados o menos possível.

A dieta de vegetal cru é de difícil digestão e absorção. Por isso deve-se mastigar bem ou então triturar preliminarmente. Mesmo que se coma comida cozida com acréscimo à dieta de vegetal cru, a considerável ingestão de vegetais crus previne o crescimento de parasitas, pois não haverá fezes estagnadas onde eles possam se desenvolver. No entanto, deve-se ingerir vegetais crus todos os dias, sem nenhuma falha.

Mesmo na dieta parcial (dieta de vegetal cru e comida cozida), desde que se tenha considerável quantidade de vegetal cru, os parasitas não crescem. Mas se a pessoa não fizer dieta, mesmo por um dia, as fezes ficarão estagnadas nos intestinos e os parasitas voltarão a crescer e reproduzir-se.

5) A cura pelo repolho

Cubra a parte de cima de um repolho com um pedaço de papel impermeável e corte o repolho em diagonal. Borrife água na metade da parte que ficou em cima, vire-a para baixo e conserve o repolho embrulhado no papel. Tire as folhas do lado de fora, pique-as e moa-as na hora de ingerir. Quanto à quantidade, uma pessoa pesando acima de 56 quilos deve tomar 40 gramas. Quem pesa menos, 30 gramas. A quantidade acima deve ser ingerida 3 vezes ao dia, quando se está com fome, por volta das 9:30, 15 e 21 horas. Esta dieta seguida por 30 dias consecutivos cura úlcera gástrica e intestinal. A ingestão tem que ser regular. Se falhar, mesmo uma só vez, é necessário jejuar por um dia antes de continuar ou então é necessário começar novamente.

O repolho contém vitamina A, B1, B2, C, K assim como cálcio, fósforo, ferro, clorofila, etc.

O repolho moído conserva-se por meio dia em garrafa térmica.

27. Cura pela gelatina de alga marinha (ágar-ágar)

1) Efeito
Excreção de fezes estagnadas, reforma da constituição, tratamento de várias doenças, etc.

2) Método
Uma barra de gelatina de alga é fervida em 360 ml de água. Ferva até diminuir para 270 ml. Acrescente leite de magnésia e mel nas seguintes quantidades:

gelatina de alga	leite de magnésia	mel	duração
1 barra	3 g	27-30 g	1 dia
1 barra	3 g	22 g	3 dias
1 barra	3 g	15 g	5-7 dias

Tabela 15 – Composição da dieta de gelatina de alga.

Uma barra de gelatina de alga equivale a 3 gramas de gelatina em pó de alga. A quantidade acima substitui uma refeição.

A cura pelo jejum tem maravilhoso efeito se seus princípios básicos forem obedecidos estritamente. Caso contrário pode ser perigosa. A dieta de gelatina de alga foi criada para substituir a cura pelo jejum.

A tabela da dieta de gelatina de alga substitui o método gradual de jejum (conf. 28 – A cura pelo jejum), cuja duração vai além de um ano.

Duração da dieta de gelatina de alga	Duração da dieta normal
1 dia	7 dias
2 dias	7 dias
3 dias	7 dias
4 dias	14 dias
5 dias	14 dias
6 dias	21 dias
7 dias	21 dias

Tabela 16 – A cura pela dieta de gelatina de alga como substituto da cura pelo jejum.

A dieta de gelatina de alga e a dieta normal devem ser observadas sucessivamente, seguindo a tabela anterior. O período da dieta normal permite ao corpo recuperar a nutrição.

Aqueles que praticam os vários métodos da Medicina Nishi fariam bem se praticassem 1 dia inteiro a dieta de alga a cada 3 semanas.

3) Doenças e a freqüência da cura pela dieta de gelatina de alga

O paciente com problemas gastro-intestinais deve praticar um dia inteiro de dieta a cada duas semanas, e aqueles que sofrem de arteriosclerose ou hipertensão, a cada oito dias. O intervalo deve ser exato.

4) Nota

A firmeza da dieta de alga marinha acima descrita é necessária para impedir o achatamento dos canais intestinais.

Um clister de água morna deve ser administrado uma vez por dia durante a cura pela dieta de gelatina de alga. Durante a cura, é bom tomar uma sucessão de banho frio-quente, mas banho quente isolado deve ser evitado.

A unidade do período é de um dia quando se começa de manhã ao se levantar e se termina quando se vai dormir. Meio dia ou uma tarde e manhã seguinte não funcionam.

A quantidade ingerida deve ser exatamente igual à ingestão usual de arroz, isto é, 2 ou 3 barras de alga por dia. Se for menos que isto, não será possível conservar o canal intestinal aberto.

O escalda-pé deve ser evitado enquanto os intestinos não estiverem suficientemente cheios.

Se a pessoa ficar cansada da dieta de gelatina de alga e alternar com a adequada cura pelo jejum, será necessário observar-se o período de convalescença (confira 28).

A cura pela dieta de alga, quando for estritamente seguida, não precisa observar o processo de convalescença. Todavia, depois de uma longa cura, é mais prudente adotar um curto período de dieta de água de arroz e sopa rala de arroz.

A indisposição eventualmente causada pela dieta pode ser aliviada ingerindo-se um pouquinho de mel aquecido. Aqueles que sentem dificuldade em ingerir gelatina de alga sólida podem tomá-la quente (cerca de 43° C) antes que ela se torne sólida. Ela se tornará sólida dentro do corpo.

Visto que a gelatina de alga é a substituta da cura pelo jejum, nenhum tempero, com exceção do mel, é permitido. Nenhum outro alimento deve ser ingerido, a não ser água e leite de magnésia. Não adoce a gelatina de alga com açúcar mascavo porque a gelatina não irá solidificar bem. Eventual cheiro desagradável da gelatina de alga pode ser removido, deixando a barra da gelatina de alga de molho na água. Algumas gotas de essência aromática podem ser acrescentadas.

28. A cura pelo jejum

1) Efeito

A finalidade do jejum é eliminar as fezes estagnadas, que podem ser a causa de todas as doenças. O jejum favorece a eliminação de fezes tornando-se eficaz para quase todas as doenças. Favorece também a transformação da constituição física.

A cura pelo jejum da Medicina Nishi deve ser praticada enquanto se tem boa saúde, visando-se a prevenção das doenças. Lembre-se: mesmo que você tenha qualquer doença, o jejum imediato impede o seu agravamento e seu resultado é infalível.

As principais doenças que o jejum cura são mencionadas abaixo, como referência: Doenças do estômago, úlcera do reto, dispepsia, prisão de ventre, hipertrofia do fígado, apendicite aguda e suas complicações, peritonite purulenta, cirrose do fígado, obesidade, artrite, diabetes, nevralgia intercostal, asma, mal de Bright, hidropsia, neurastenia, enxaqueca, paresia geral, epilepsia, doenças tuberculosas, cáries, pleurite, peritonite, várias doenças infecciosas, veias varicosas, otite média, doenças da pele, furúnculos, hipertensão, hipotensão, hemorragia cerebral, apoplexia, anemia, eczema, escrófula, sífilis, amigdalite, úlcera do pé, resfriado comum, gripe, insuficiência de circulação, gangrena, astenia, insônia, depressão nervosa, histeria, intoxicação por carne, doenças de senhoras, paralisia geral, câncer, sarcoma, uricemia e os mais diversos males.

Eu mesmo tenho visto que o jejum tem efeito favorável sobre todas as doenças. Portanto deve-se experimentar a cura pelo jejum enquanto se tiver boa saúde a fim de proteger-se contra as doenças.

2) Método

A cura formal pelo jejum é composta dos cinco períodos seguintes:

Para homem   – 2-4-6-8-8 dias
Para mulher   – 3-5-7-7-7 dias

O intervalo entre cada período de jejum é de 40/60 dias. Como se vê, o processo completo da cura leva mais de um ano. Se, por qualquer circunstância, for necessário um intervalo mais longo que 60 dias, o intervalo pode ser dobrado se a pessoa suportar 2 dias de jejum entre os intervalos. No entanto, este procedimento é válido somente uma vez.

Aqueles que vão jejuar precisam adquirir um bom conhecimento da cura, lendo o meu livro *Cura pelo jejum da Medicina Nishi* e ainda pedindo explicações para os que já experimentaram este método.

Como preparativo para a cura, a pessoa deve acertar com urgência os afazeres profissionais e pessoais; se tiver parasitas, deve livrar-se deles, ir parando aos poucos com o fumo e as bebidas, e deixar a família bem informada a respeito da dieta antes de seu início.

Diminuição gradual da ingestão de alimento – como preparativo para o jejum, a ingestão de alimento deve ser gradualmente diminuída por um período que seja quase tão longo quanto o período do jejum, para que seja prevenida eventual contração dos intestinos. Por exemplo, quando uma pessoa vai fazer um jejum de duração de dois dias, ela deve diminuir a dieta normal pela metade, dois dias antes de começar o jejum; no dia seguinte diminui 2/3 e no terceiro dia deve começar o jejum.

Durante o jejum, a pessoa deve tentar ir bebendo, gradualmente, água fresca não fervida, ir ao sanitário sempre à mesma hora, e permanecer lá cerca de 15 minutos e fazer clister de água morna uma vez por dia; deverá andar pelo menos 30 ou 40 minutos por dia ou fazer exercícios leves.

O jejum pode causar algumas reações adversas, a ponto de a pessoa sentir-se incapaz até de tomar água, sofrendo de náusea, dor de cabeça ou dor semelhante ao reumatismo ou nevralgia. Estes sintomas devem ser corajosamente suportados até desaparecerem, porque são necessários para o restabelecimento da saúde.

Um jejum, em vez de ser interrompido antes do esperado, deve antes ser prolongado por um ou dois dias. O aumento da dieta depois do jejum deve ser gradual. Uma vez começado o aumento da dieta, o apetite aumenta incrivelmente. Entretanto, alimentar-se em demasia não somente diminui o efeito do jejum como pode causar danos à vida da pessoa. Portanto, a dieta prescrita precisa ser estritamente seguida.

A quantidade indicada é de 24 horas. Mesmo que a ingestão, ocasionalmente, for pouca, se repetida freqüentemente o total da ingestão pode tornar-se excessivo.

No primeiro dia depois do jejum a pessoa deve ingerir 120 ml de água de arroz rala e morna, acrescentando uma pitada de sal, no almoço e no jantar (sem café da manhã) e beber água fresca sem ferver, de gole em gole o dia todo. O aumento gradual da dieta é indicado nas duas tabelas seguintes, de acordo com a duração do jejum.

Dias jejum / Dias seguintes	jejum de dois dias	jejum de três dias	jejum de quatro dias	jejum de cinco dias	jejum de seis dias	jejum de sete dias	jejum de oito dias
1º dia	água de arroz	água de arroz	água de arroz	água de arroz	água de arroz	água de arroz	água de arroz
2º dia	mingau ralo de arroz	água de cevada	água de cevada	água de arroz integral	água de arroz integral	água de arroz integral	água de arroz integral
3º dia	mingau de arroz e sopa de legumes	mingau de arroz	mingau ralo de arroz	água de cevada	água de cevada	água de arroz integral	água de arroz integral
4º dia	60% da refeição costumeira	mingau de arroz e sopa de legumes	mingau de arroz	mingau ralo de arroz	mingau ralo de arroz	água de cevada	água de arroz integral
5º dia	70% da refeição costumeira	60% da refeição costumeira	mingau de arroz e sopa de legumes	mingau de arroz	mingau ralo de arroz	mingau ralo de arroz	água de cevada
6º dia	80% da refeição costumeira	70% da refeição costumeira	60% da refeição costumeira	mingau de arroz e sopa de legumes	mingau de arroz	mingau ralo de arroz	mingau ralo de arroz
7º dia	90% da refeição costumeira	80% da refeição costumeira	70% da refeição costumeira	60% da refeição costumeira	mingau de arroz e sopa de legumes	mingau de arroz	mingau ralo de arroz

Dias seguintes \ Dias jejum	jejum de dois dias	jejum de três dias	jejum de quatro dias	jejum de cinco dias	jejum de seis dias	jejum de sete dias	jejum de oito dias
8º dia	90% da refeição costu-meira	85% da refeição costu-meira	80% da refeição costu-meira	70% da refeição costu-meira	60% da refeição costu-meira	mingau de arroz e sopa de legumes	mingau de arroz
9º dia	90% da refeição costu-meira	85% da refeição costu-meira	80% da refeição costu-meira	80% da refeição costu-meira	70% da refeição costu-meira	60% da refeição costu-meira	mingau de arroz e sopa de legumes
10º dia	90% da refeição costu-meira	85% da refeição costu-meira	80% da refeição costu-meira	80% da refeição costu-meira	80% da refeição costu-meira	70% da refeição costu-meira	60% da refeição costu-meira
11º dia	90% da refeição costu-meira	85% da refeição costu-meira	80% da refeição costu-meira	80% da refeição costu-meira	80% da refeição costu-meira	80% da refeição costu-meira	70% da refeição costu-meira
12º dia	90% da refeição costu-meira	85% da refeição costu-meira	80% da refeição costu-meira	80% da refeição costu-meira	80% da refeição costu-meira	80% da refeição costu-meira	75% da refeição costu-meira

Tabela 17 – Aumento da dieta depois do jejum (para a pessoa que praticar o jejum padrão de 5 vezes ao ano)

A dieta padrão aumentada gradualmente, a ser seguida depois dos períodos de cinco dias de jejum para a cura pelo jejum formal.

Dias seguintes \ Dias jejum	jejum de dois dias	jejum de três dias	jejum de quatro dias	jejum de cinco dias	jejum de seis dias	jejum de sete dias	jejum de oito dias
1º dia	120 cc de suco de verduras centri- fugadas	120 cc de suco de legumes centri- fugados	120 cc de suco de legumes centri- fugados	120 cc de suco de legumes centri- fugados	120 cc de suco de legumes centri- fugados	120 cc de suco de legumes centri- fugados	120 cc de suco de legumes centri- fugados
2º dia	200 cc de suco coado e 100 g de verduras	180 cc de legumes centri- fugados	180 cc de legumes centri- fugados	180 cc de legumes centri- fugados	180 cc de legumes centri- fugados	180 cc de suco centri- fugados	150 cc de legumes centri- fugados
3º dia	350 g de verduras	200 cc de suco e 100 g de verduras	180 cc de suco e 50 g de verduras	180 cc de suco e 40 g de verduras	180 cc de suco e 20 g de verduras	200 cc de suco	180 cc de suco
4º dia	450 g de verduras	350 g de verduras	200 cc de suco e 100 g de verduras	180 cc de suco e 60 g de verduras	180 cc de suco e 40 g de verduras	180 cc de suco e 20 g de verduras	200 cc de suco
5º dia	500 g de verduras	450 g de verduras	350 g de verduras	200 cc de suco e 100 g de verduras	180 cc de suco e 60 g de verduras	180 cc de suco e 40 g de verduras	180 cc de suco e 30 g de verduras
6º dia	600 g de verduras	500 g de verduras	450 g de verduras	350 g de verduras	200 cc de suco e 100 g de verduras	180 cc de suco e 60 g de verduras	180 cc de suco e 50 g de verduras
7º dia	650 g de verduras	550 g de verduras	500 g de verduras	450 g de verduras	350 g de verduras	200 cc de suco e 100 g de verduras	180 cc de suco e 80 g de verduras
8º dia	650 g de verduras	620 g de verduras	550 g de verduras	500 g de verduras	450 g de verduras	350 g de verduras	200 cc de suco e 100 g de verduras
9º dia	650 g de verduras	620 g de verduras	600 g de verduras	550 g de verduras	500 g de verduras	450 g de verduras	350 g de verduras
10º dia	650 g de verduras	620 g de verduras	600 g de verduras	600 g de verduras	550 g de verduras	500 g de verduras	450 g de verduras
11º dia	650 g de verduras	620 g de verduras	600 g de verduras	600 g de verduras	600 g de verduras	550 g de verduras	500 g de verduras
12º dia	650 g de verduras	620 g de verduras	600 g de verduras	600 g de verduras	600 g de verduras	600 g de verduras	550 g de verduras

Tabela 18 – Aumento da dieta de verduras cruas após o jejum.

Observações:

1. A quantidade indicada nas tabelas refere-se a duas refeições, uma ingerida ao meio-dia e a outra à noite. Não se toma refeição matinal.
2. Uma xícara japonesa de chá contém cerca de 120 g de nutrição.
3. Durante a dieta não é necessária a reposição de sal, mas no caso de ocorrer transpiração, uma quantidade apropriada de sal pode ser ingerida. Para o primeiro dia depois do jejum a quantidade máxima é cerca de 2 pitadas.
4. A dieta de vegetal cru deve ser de mais de 5 espécies de folhas verdes e raízes de vegetal. Um pouco de fruta pode ser acrescentado para dar sabor, mas deve-se evitar o excesso que pode causar desnutrição.
5. Como preparar a dieta de vegetal cru é explicado no item 25 – A cura pela dieta de vegetal cru.

3) Nota

O jejum em si mesmo não é difícil, mas a diminuição da alimentação antes de começá-lo e, especialmente, no período de aumento da alimentação requer um extraordinário autocontrole. A ingestão excessiva de alimentos, depois do jejum, leva a perder-se o esforço feito no jejum de modo que a pessoa deve tomar demasiada precaução contra isso.

A cura pelo jejum regular deve ser feita em casa, mas é mais prudente, especialmente para um principiante, jejuar sob a orientação de um especialista de confiança, num Instituto.

De acordo com a duração do jejum, a pessoa emagrece consideravelmente, mas não é bom tentar ganhar peso rapidamente. Seguindo as regras da moderação após o jejum, a pessoa terminará por alcançar o peso ideal.

Pela estrita observação das 50 regras preliminares do jejum, das 50 regras do próprio jejum e das 50 regras depois de passado o período de jejum (Consulte a *Cura pelo jejum da Medicina Nishi*, de nossa autoria), as fezes estagnadas e as fezes pretas serão eliminadas.

Então a pessoa perde a sonolência, torna-se mais disposta, desenvolve mais a inteligência, o corpo e a mente ficam mais aguçados, adquire-se capacidade de julgar e tomar decisão rápida. A pessoa pode ter ainda uma personalidade bem equilibrada. Em resumo, sua habilidade e atividade tornam-se, no mínimo, triplicadas.

Aqui estão alguns conceitos referentes à cura pelo jejum:

1) A cura pelo jejum da Medicina Nishi é adequada para a sociedade moderna porque é praticável sem interrupção do trabalho.
2) Não somente o doente como também uma pessoa sadia devia praticar a cura pelo jejum que é o segredo médico para a cura radical de toda doença conhecida e para a reconstituição da mente e do corpo.
3) Aqueles com saúde delicada deviam jejuar e assim reconstituir sua mente e corpo.
4) Mesmo aqueles orgulhosos de sua boa saúde deviam praticar o jejum durante e depois da meia idade.
5) Esta cura pelo jejum é o único segredo racional para o rejuvenescimento.
6) Quem é hipertenso devia fazer a cura pelo jejum imediatamente.
7) A cura pelo jejum fortalece a força curativa natural no caso de resfriado comum, machucados, inchaços, etc.
8) A cura pelo jejum é especialmente indicada para doenças gastro-intestinais e diabetes.
9) A convicção da cura pelo jejum afugenta o medo das doenças malignas.
10) Veja como é sintomático o mandamento de Deus para jejuar.

29. A cura pelo vegetal e sopa rala de arroz.

1) Efeito

Sopa rala de arroz tem sido altamente considerada desde tempos remotos como a mais apropriada alimentação para as pessoas idosas. Mesmo as pessoas jovens fariam bem em seguir uma dieta de sopa rala de arroz, misturado com vegetais, durante um dia todo e cerca de duas vezes por mês. Esta cura é boa contra doenças renais, edemas, ascite, exposição excessiva ao sol, etc.

2) Método

Dentre os vegetais mencionados abaixo, escolha uma variedade e corte-os em tira finas: rabanetes, cenoura, espinafre, alface, repolho chinês, nabo, etc. Batata-doce, inhame, podem ser acrescentados, dependendo da situação.

As raízes de vegetais são cozidas na sopa rala 'de arroz mas os vegetais verdes são acrescentados na sopa já pronta e enquanto quente. Tampe a panela e após alguns instantes eles já estarão mais ou menos cozidos. Não acrescente nenhum molho de soja, açúcar, sal ou qualquer outro tempero (uma pequena quantidade de aji-no-moto pode ser acrescentada).

Com a sopa rala de arroz do dia a pessoa deve ingerir cerca da mesma quantidade de sopa rala de vegetal, de acordo com a ingestão usual de arroz, sem tomar qualquer alimento subsidiário ou merenda, exceto alguma fruta, batata-doce sem sal (cozida no vapor ou assada) para que seja possível seguir uma dieta sem sal e sem açúcar no mesmo dia.

A quantidade dos vegetais deve ser, no máximo, igual à de arroz. Quanto mais vegetal for acrescentado mais freqüente será a necessidade de urinar durante o dia. Se for mais freqüente do que uma vez por hora, a proporção de vegetal deve ser reduzida. A diurese torna-se mais intensa a fim de eliminar o excesso de sal acumulado no corpo. Esta cura de arroz e caldo de verdura faz com que a capacidade do corpo de absorver sal seja tão eficiente, que tanto o excesso como a falta de sal serão prevenidos naturalmente.

As pessoas idosas fariam bem em seguir um dia inteiro de dieta de arroz e vegetal duas ou três vezes ao mês. Esta prática regularia também o excesso ou falta de apetite. É desejável que o seguidor da Medicina Nishi pratique esta dieta pelo menos um dia em cada três semanas.

Aqueles que estão adotando o método de reposição de sal ou método de 20 minutos de banho devem seguir esta cura de um dia inteiro a cada duas ou três semanas a fim de regular a ingestão de sal.

30. O método ideal de ingestão de alimentos

A refeição diária deve ser composta de alimento essencial e alimento complementar na proporção de 50-50. Este último deve ser composto de vegetais, carne, algas e frutas na proporção de 30-30-30-10.

No entanto, a proporção entre vegetais e carne deve ser modificada de acordo com a altitude do lugar onde se vive ou a localização do trabalho. Isto quer dizer que, em altas altitudes, deve-se comer mais carne (alimento ácido) e em baixas altitudes, mais vegetais (alimento alcalino).

Nem sempre é fácil seguir exatamente esta dieta ideal, de modo que qualquer excesso ou falta poderão ser ajustados uma vez a cada três semanas. Para este propósito, existem os seguintes métodos:

a) Dia de jejum – A pessoa pode jejuar com dieta de gelatina de alga marinha, substituto ideal do jejum.

b) Dia de sopa rala de arroz – Sopa rala de arroz sem sabor, sem tempero, com vegetais (Consulte 29 – A cura pela sopa rala de arroz e vegetal).

c) Dia de dieta de vegetal cru – Abstenção de comida cozida por um dia inteiro.

d) Dia sem sal – Abstenção de sal. b) e c) devem ser observados no mesmo dia que d).

e) Dia sem açúcar – Dieta de um dia inteiro sem açúcar. O dia de dieta sem açúcar deve coincidir com o dia de sopa rala de arroz.

f) Dia de arroz com tempero "curry" – Seria melhor alimentar-se de arroz com "curry", que não é tão temperado, no almoço, a cada 10 dias mais ou menos. Tanto quanto o emplastro de mostarda aplicado no peito, o arroz com "curry" fortalece a garganta e esôfago.

g) Dia de *Gomoku-meshi* – *Gomoku-meshi* é arroz misturado com peixe e vegetais de diferentes cores. Deve ser ingerido uma vez por mês para suprir vários pigmentos necessários ao organismo.

h) Dia de *Azuki-meshi* – Arroz misturado com feijão Azuki deve ser ingerido duas vezes por mês para suprir a vitamina B.

Embora seja necessário fazer um breve exame da composição dos elementos nutritivos de cada alimento, na hora da refeição não se deve pensar em nada, sendo necessário estar em estado de graça (deixar a mente livre de idéias e pensamentos). Diante de uma refeição apetitosa a pessoa deve ser delicada como um príncipe e da mesma forma humilde quando estiver diante de uma refeição frugal.

Se a pessoa ingerir a refeição enquanto estiver aborrecida ou amargurada, o alimento não beneficia o corpo.

31. O método de ingestão de gordura

1) Efeito

Aqueles que são magros por causa de doenças ou por qualquer outra razão tornar-se-ão razoavelmente corpulentos se ingerirem pequena quantidade de manteiga, queijo, azeite de oliva, etc., numa hora fixa (1 ou 2 horas depois do jantar), todos os dias e aumentando gradualmente a dose, como abaixo indicado.

2) Método

A unidade para medir a quantidade de gordura é o "grão" que é do tamanho de um grão de arroz ou um cubo de 3 milímetros. O azeite é medido por gotas. Veja a tabela a seguir.

nº de períodos	quantidade de gordura	duração
1	1 grão	3 dias
2	2 grãos	3 dias
3	3 grãos	3 dias
4	4 grãos	3 dias
5	5 grãos	3 dias
6	6 grãos	3 dias
7	7 grãos	3 dias
8	8 grãos	3 dias
9	9 grãos	3 dias
10	10 grãos	3 dias

Tabela 19 – Método gradual de ingestão de gordura.

Do 31º dia em diante, deve-se aumentar a dose de um grão ou gota a cada dia. O peso do corpo começa a aumentar quando a ingestão diária alcançar de 10 a 70 grãos ou gotas.

Ao invés deste método, pode-se seguir a tabela acima mais duas vezes, o que leva três meses ao todo.

32. O método de ingestão de vitamina
(Aplicação do reflexo condicionado)

1) O tratamento de avitaminose A

A avitaminose A é curada pelo método de ingestão gradual de gordura. Se a pessoa toma, por exemplo, óleo de oliva, deve começar com uma gota e aumentar a dose de uma gota adicional a cada quatro dias. A hora da ingestão deve ser fixada, cerca de duas horas depois do jantar. Para uma pessoa que pesa 60 quilos, sua avitaminose será curada quando a ingestão diária alcançar 2 1/2 colheres de chá. Aí a pessoa deve parar (Consulte cap. 31).

2) Avitaminose B

Ao contrário das outras vitaminas, a vitamina B não requer a aplicação do reflexo condicionado. A pessoa pode tomar, a qualquer hora do dia, qualquer alimento contendo vitamina B (uma colher de chá de farelo fresco de arroz, trigo, broto de feijão, feijão vermelho (azuki), etc.) Quanto ao feijão vermelho (azuki), seria melhor tomá-lo (cerca de 1 pequeno cálice por dia) bem triturado, peneirado e filtrado em tecido de algodão, por causa de seu odor desagradável. Isto é bom especialmente para mulheres grávidas porque o feijão vermelho cru previne males dos rins, beri-béri e se elas puderem praticar os exercícios de junção das palmas das mãos e solas dos pés, garantirão um parto fácil.

3) Avitaminose C

Se as tangerinas são usadas como fonte de vitamina C, um homem pesando 60 quilos deve ingeri-las como indicado abaixo cerca de 30 minutos depois das refeições.

1º período: uma metade ou preferivelmente um terço de um gomo por 3 dias;
2º período: um gomo durante 3 dias;
3º período: 1 1/2 gomos durante 3 dias.

Aumentando assim a ingestão de meio gomo a cada quatro dias, a pessoa deve progredir até chegar a três tangerinas do tamanho de um ovo de galinha, contendo de 7 a 8 gomos.

Se for usada tangerina enlatada, os gomos devem ser bem lavados com água. O chá da folha de caqui ou decocção, rica fonte de vitamina C, não requer a aplicação do reflexo condicionado (Consulte cap.23).

Vitamina P, que ativa as funções dos vasos capilares, tem relativamente as propriedades similares da vitamina C, é encontrada nas folhas de cálamo, casca e suco de laranja de verão, limão, etc.

Com a decocção das folhas de cálamo ou a casca da tangerina de verão, colocadas num saco de pano por 30 ou 40 minutos abaixo de 40° C (cerca de 104° F), a vitamina C contida nelas transfere-se totalmente para a água. Se você tomar banho nessa água, sua pele ficará clara e as doenças como resfriado comum, diarréia e doenças dentais serão evitadas. Além disso, sua saúde melhorará de um modo geral.

Quanto às folhas de cálamo você deve secá-las um pouco na sombra e não usá-las frescas.

4) Avitaminose D

Quando o óleo de oliva é tomado como fonte de vitamina D, o modo de ingeri-lo é o mesmo que no caso da vitamina A. A dose diária deve chegar a cerca de duas colheres de chá no inverno e 1 1/2 colher de chá no verão.

Peixe seco pequeno como sardinha também contém vitamina D. A ingestão de 3 a 5 sardinhas evita e cura o ergotismo da farinha de trigo.

5) Avitaminose E

A vitamina E assim como a vitamina B não requer a aplicação do reflexo condicionado. A pessoa poderá repô-la muito bem com o germe de trigo, cevada ou arroz, milho, alface, repolho, "komatsuna" (espécie de repolho chinês), etc.

6) Avitaminose G

Quando o fígado de enguia é usado como fonte de vitamina G tome um pedacinho do tamanho de um grão de arroz nos primeiros três dias e aumente a mesma quantidade a cada quatro dias, do mesmo modo que no caso da vitamina A.

O processo deve continuar por 3 meses. Quando a pessoa toma "amazake" (sopa rala de arroz fermentada com malte) ou leite, a quantidade deve ser pequena no começo e ir aumentando gradualmente. A quantidade máxima a ser atingida é 540 ml de "amazake" e 900 ml de leite.

A vitamina G é encontrada também na carne magra de porco, carne de cachorro (carne de animais que comem excrementos), ovos de galinha, batata (especialmente a parte entre a pele e massa), folhas de vegetal, cereal integral, folhas de nabo, etc.

7) Ordem a ser seguida na reposição de vitaminas

Um paciente tuberculoso que sofre de avitaminose A, mas que também precisa de vitamina C, B e G, deve começar a reposição nesta ordem: G, C e A. Isto quer dizer, a ingestão de vitamina G deve seguir como explicado acima por cerca de duas semanas e depois, então, se faz a reposição da vitamina C por outras duas semanas e então aí é que começa o suprimento de vitamina A.

O aumento da quantidade da ingestão a cada quatro dias é necessário para se conseguir o trabalho do reflexo condicionado sem falha.

33. Os sete ingredientes aromáticos

1) Efeito

A ingestão diária de cerca de duas colheres de chá da mistura dos sete ingredientes supera a deficiência de várias vitaminas e de outros elementos nutritivos, repondo também a matéria-prima para o hormônio das paratireóides.

2) Receita

1. Feijão soja torrado e moído	1 go (0,18 l ou 140 g)
2. Trigo sarraceno	1 go (0,18 l ou 140 g)
3. Farinha de trigo	1 go (0,18 l ou 140 g)
4. Fubá	1 go (0,18 l ou 140 g)
5. Gergelim branco, preto e vermelho torrado e moído	0,3 go/cada
6. Pó de alga marinha torrada	0,5 go
7. Açúcar não refinado (mascavo) em quantidade mínima	

Misture os números 1, 2, 3 e 4 numa panela de barro esquentada e torre-os levemente. Depois acrescente o 5 e 6. Quando a mistura estiver fria, acrescente finalmente o 7.

34. Permissão de açúcar branco

Como o provérbio alemão "Weisser Zucker ist Kalksaubeur" (Açúcar branco é o usurpador do óxido de cálcio) diz, sua ingestão além da quantidade permitida provoca acidose, que é responsável por cerca de 75 por cento das doenças. A quantidade máxima permitida de açúcar branco, por dia e por quilo de peso do corpo, é indicada a seguir:

idade	quantidade máxima permitida por dia
abaixo de 6 meses	0,1 g
até 1 ano	0,2 g
até 10 anos	0,3 g
até 20 anos	0,4 g
acima de 20 anos	0,5 g

Tabela 20 – Quantidade máxima de açúcar branco permitido.

Como os números acima são para quantidades por quilo de peso do corpo, a atual quantidade máxima permitida é obtida multiplicando-se o número correspondente à idade pelo número de quilos da pessoa. Por exemplo, a permissão para uma criança de 8 anos pesando 20 kg é:

$$0,3 \text{ g} \times 20 = 6 \text{ g}$$

Nota

O açúcar não refinado (mascavo) pode ser tomado até três vezes mais que a quantidade do açúcar branco. Um cubo de açúcar pesa geralmente cerca de 6 gramas.

35. A cura pela mastigação

Aqueles que sofrem de disfunção gastro-intestinal podem seguir também o método temporário de cura pela mastigação.

Nas 6 primeiras semanas cada bocado de alimento deve ser mastigado cerca de 50 vezes. Isto significa que a refeição requer cerca de 2.000 mastigações e leva de 30 a 40 minutos. Depois o número de mastigação diminui como se segue: nos 3 meses seguintes, 25 mastigações para cada bocado de alimento, cerca de 1.000 mastigações para uma refeição que leva cerca de 30 minutos.

No mês seguinte, 12 mastigações para cada bocado, isto é, 400 a 500 mastigações por refeição. A cura pela mastigação deve ir sendo diminuída gradualmente no espaço de um ano, a partir do seu início, retornando-se depois ao modo de comer normal.

Nota

A cura pela mastigação ou "Flecherism" deverá ser adotada como um método temporário porque causará, se for adotada por um período longo, disfunções intestinais, sendo responsável por afasia ou estenose intestinal. Diarréia ou outras doenças gastro-intestinais passageiras podem ser curadas em 1 ou 2 dias através da cura pela mastigação.

36. Cura pela mostarda

1) Efeito

A cura pela mostarda é boa para pneumonia, tosse (pleurite, tuberculose pulmonar, tuberculose laringeal, resfriado comum, etc.), nevralgia, torcicolo, otite média, apendicite, histeria, alívio de fadiga, dor de garganta, etc.

2) Emplastro de mostarda

Misture e amasse cem gramas de mostarda em pó com a mesma quantidade de água quente. Para crianças metade da porção de mostarda é substituída por farinha de trigo para moderar a dor latejante. Quanto menor a idade da criança, maior será a quantidade de mostarda a ser substituída pela farinha.

A temperatura da água a 55° C (131° F) é a mais eficaz. À temperatura de 70° C (158° F) o efeito diminui e se torna ineficaz além de 100° C (212° F) ou abaixo de 35° C (95° F).

Modo de aplicação – A mostarda misturada com água quente deve ser espalhada em cerca de 1/10 de uma polegada de espessura sobre um pedaço de pano de algodão. A pele sobre a parte afetada deve ser coberta primeiramente por duas ataduras de gaze sobre as quais é colocado o pano com a mostarda e depois um papel impermeável sobre ele. O formato do emplastro varia de acordo com a área afetada.

Verificação do enrubescimento da pele - Quando o emplastro for aplicado por 2 ou 3 minutos, deve-se verificar o grau de enrubescimento da pele a cada minuto e retirar o emplastro assim que a pele ficar vermelha.

Quando o enrubescimento acontece dentro de 5 minutos, isto indica a eficácia do emplastro na área afetada e também mostra que o sintoma não é grave. Mas, quando a pele não ficar vermelha dentro de 20 minutos ou quando a cor aparece rapidamente e logo se esvai, o sintoma é mais grave. Neste caso, não continue a aplicação além dos 20 minutos. Retire tudo e aplique uma solução rala de leite de magnésia na pele e aguarde 40 minutos antes de aplicar o emplastro novamente.

No caso de pneumonia ou doença similar, se a pele não enrubescer dentro de 20 minutos, o processo acima deverá ser repetido até que uma cor vermelha apareça sobre a pele.

Não importa quanto tempo seja gasto. Não se deve desistir da cura antes que o emplastro deixe a pele vermelha.

Nota

A freqüência da aplicação do emplastro é normalmente de uma vez ao dia e, em casos raros, 2 vezes ao dia. O emplastro não deverá ir além de 20 minutos mesmo que a pele não fique vermelha. O emplastro pode ser empregado 5 ou 6 vezes, aquecendo-se no fogo antes de cada emprego.

A irritação da pele causada pelo emplastro pode ser aliviada com a aplicação do leite de magnésia. A mostarda japonesa é a melhor para o emplastro mas a mostarda medicinal também serve.

A mostarda que perdeu o cheiro não servirá. Se a mostarda perder o cheiro não será preciso agregar farinha, mesmo para criança. Sementes de mostarda em grão deverão ser moídas num pilão depois de fervidas e deixadas de molho, com uma quantidade de água quente o suficiente para cobri-las por mais de 20 minutos. O emplastro deverá ser aquecido levemente sobre o fogo antes do uso.

A mostarda fraca torna-se estimulante quando misturada a uma infusão fria de chá grosso ou suco de rabanete em vez de água quente.

Quando os métodos de escalda-pé e o emplastro de mostarda são aplicados a um paciente, é aconselhável usar no verão primeiro o escalda-pé e depois o emplastro. No inverno, segue-se a ordem inversa.

Ao invés de mostarda, quando esta não for encontrada, pode-se usar pimenta, pimenta-caiana, gengibre, etc., ou então esfregar a pele com um lenço de cambraia até ficar vermelha.

3) Compressa quente de mostarda

Prepare uma solução quente de mostarda, acrescentando cerca de uma colher de chá de mostarda em 180 ml de água quente e misture bem. Molhe uma toalha de algodão na solução, torça-a e dobre-a. Coloque na área afetada primeiro um papel japonês e depois esta toalha. Ponha outro papel grosso e uma toalha seca a fim de não molhar as roupas da cama. Assim que a pele se tornar avermelhada, o que usualmente leva de 3 a 5 minutos, tire a compressa e ponha no lugar uma toalha quente. A toalha esfriada deve ser trocada por outra quente e a compressa deve continuar por cerca de meia hora.

Este método é bom principalmente para as crianças, cuja pele é mais sensível.

4) O método da mostarda

Quando se tomar uma sucessão de banho alternado quente-frio ou escalda-pé, uma pequena quantidade de mostarda deve ser acrescentada na água quente.

Quando um bebê estiver inconsciente, ele voltará a si se lhe for dado um banho de mostarda e seu corpo ficar avermelhado. O banho é preparado adicionando-se a mostarda na proporção de uma colher grande para cada 1,8 litro de água quente. A temperatura mais eficaz do banho é de 43º C (104, 5º F).

Nota

O emplastro de mostarda tem por objetivo avermelhar a pele e ativar a circulação sangüínea no interior da parte afetada. O emplastro é aplicado principalmente na garganta, no peito ou na coluna vertebral (no caso de friagem nas costas, lesão nas vértebras, contusão na espinha, etc.).

O banho de mostarda efetivamente acalma temperamentos exaltados, histeria e dor menstrual.

37. Método do movimento do pé

1) Efeito

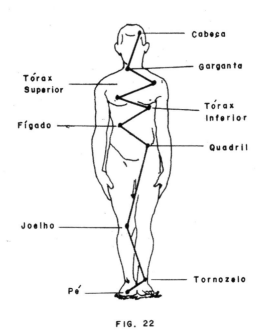

FIG. 22

Os problemas com os pés provocam desarranjos nas partes mais altas do corpo como a figura 22 mostra aproximadamente. Portanto, a fim de curar as lesões do tronco ou da cabeça, é necessário primeiramente curar os problemas do pé. Agindo assim, cura-se todas as espécies de doenças, espontaneamente.

Por exemplo, problemas no pé direito causam alterações no joelho direito, no pulmão direito e no lado direito da garganta e no nariz.

Para que estas partes se tornem sãs é necessário curar o pé direito com exercício-leque, o tornozelo esquerdo com exercício para cima e para baixo, e o joelho direito com a compressa Ryu-happu (Consulte cap. 65), etc.

2) Método

Existem 5 exercícios ou manipulações para o pé:

a) O exercício-leque

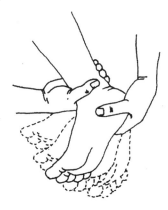

FIG. 23

Este exercício (segurando o pé como mostra a figura 23 e dando estímulos transversais na sua metade superior) cura a dor e edema na raiz dos artelhos (doença de Morton) e também torna simétricos ambos os pés.

É melhor fazer este exercício deitado de costas e levantar ambas as pernas. Segure o calcanhar com ambas as mãos como mostra a figura 23 e empurre-o para um lado e para o outro. A perna deve ficar firme na altura do joelho, suportada pelo braço do mesmo lado.

b) Exercício para cima e para baixo

Este é o processo de cura da inflamação do tornozelo (doença de Sorrel). Segure a perna com ambas as mãos como mostra a figura 24 e mova o pé para cima e para baixo. Este exercício alivia dores no tornozelo e faz o mesmo com os pés.

Nota

Se um pé necessita do exercício-leque, o outro necessita do exercício para cima e para baixo. É muito raro que os dois pés necessitem do mesmo exercício. Aplique o exercício-leque no pé que dói quando

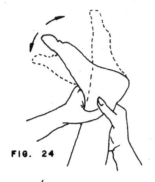
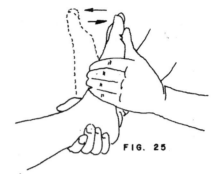

FIG. 24

FIG. 25

EXERCÍCIO PARA CIMA E PARA BAIXO

MÉTODO PARA ATIVAR OS VASOS SANGÜÍNEOS

pressionado na base dos artelhos e o exercício para cima e para baixo no outro pé durante 1 minuto e meio, respectivamente, toda manhã e toda noite. Como os pés são um tanto diferentes, é necessário revezar os exercícios a cada quatro dias. No quinto dia deve-se voltar à combinação original, que deve continuar por um período adicional de três dias, e assim por diante.

Depois destes exercícios seria melhor praticar o exercício capilar por um minuto, o que é especialmente necessário quando já se fez os exercícios para os pés na posição sentada.

c) Método para ativar os vasos sangüíneos

Deitado numa cama reta, levante uma perna 30° e mova-a para fora outros 30°. Quer dizer, se sua perna direita está levantada, mova-a 30° à direita.

Nesta posição mova toda a parte do pé levantado para cima e para baixo, alternadamente dobrando e esticando a junta do tornozelo (A figura 24 mostra o movimento com a ajuda de um assistente). Faça este exercício alternando cada pé. O pé esquerdo governa o sistema arterial e o pé direito o sistema venoso.

d) Método para ativar o coração

A postura é a mesma que a mostrada em c). Repete-se os movimentos de dobrar para cima e para fora a parte lateral do pé (Veja a ilustração) em direção ao peito do pé, trazendo-o na posição normal. Esta prática ativa o coração.

O pé esquerdo governa o coração esquerdo (especialmente o ventrículo esquerdo) e o pé direito governa o coração direito (especialmente o ventrículo direito). Os pacientes que tenham sofrido de dor precordial podem algumas vezes ser ressuscitados por este método aplicado ao pé esquerdo.

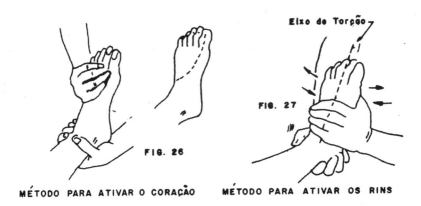

MÉTODO PARA ATIVAR O CORAÇÃO   MÉTODO PARA ATIVAR OS RINS

e) Método para ativar os rins
    A postura é a mesma que a dos métodos acima. Virar os lados dos pés alternadamente para a direita e esquerda ativa os rins. O pé esquerdo governa o rim esquerdo e o pé direito, o rim direito.

3) Nota
    Os métodos acima mencionados devem sempre ser precedidos e terminados por um ou dois minutos de prática do exercício capilar.

38. Método de flexão dos membros inferiores

1) Efeito
    Em virtude da rigidez das pernas ser a causa de várias doenças e desde que a flebite em particular tem relação com quase todas as doenças, os membros inferiores devem se manter flexíveis.

a) Exercício para esticar os tendões das pernas

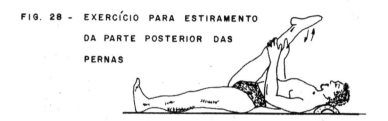

FIG. 28 - EXERCÍCIO PARA ESTIRAMENTO DA PARTE POSTERIOR DAS PERNAS

Primeiro, deite-se de costas com as pernas esticadas. Vagarosamente, levante uma perna sem dobrar o joelho e leve-a em direção ao tórax. Este exercício torna os músculos flexíveis (os gastrocnêmios, o bíceps femural, os músculos das costas, reto femural, glúteos, músculos abdominais, etc.) e previne a causa básica de várias doenças.

b) Nota

Conserve os joelhos levantados bem esticados. Dobre e estique várias vezes os artelhos da perna levantada e faça o exercício capilar nos intervalos. Aplica-se este método em ambas as pernas mas o esforço deve ser dirigido à perna menos flexível.

A perna que fica na cama deve estar bem esticada. O joelho não deve levantar-se nem dobrar-se.

Não estique as pernas violentamente, senão os nervos podem contrair-se. No entanto, elas não se tornam flexíveis a menos que sejam forçadas a esticar um pouco apesar de alguma dor.

A fim de tornar suas pernas flexíveis, você pode também levantar a perna à altura dos olhos, na posição sentada, como indicado na figura 29.

c) Exercício para esticar a lateral externa das pernas

Na posição deitada com uma perna esticada numa cama reta como no exercício acima, levante a outra perna, dobrando o joelho, e trazendo-a em direção ao ombro do lado oposto.

Esse exercício torna o músculo reto femural e os músculos glúteos mais flexíveis. É especialmente indicado para recuperar a visão.

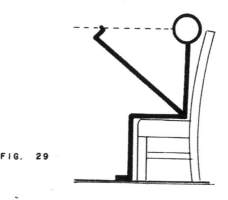

FIG. 29

2) Cilindro de Nishi

a) Método

Um recipiente igual a um cilindro, como o ilustrado abaixo, de latão banhado de níquel, deve ser enchido com água quente. Uma garrafa de cerveja pode ser usada como substituto. Aplique-o na barriga da perna e em outras partes enrijecidas da perna. É melhor proteger a perna com um pedaço de pano a fim de não se queimar com o cilindro.

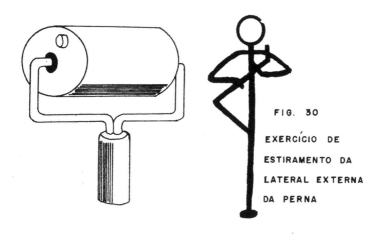

FIG. 30

EXERCÍCIO DE ESTIRAMENTO DA LATERAL EXTERNA DA PERNA

b) Efeito

Este cilindro estimula os locais aquecidos da pele, ativa a função dos vasos capilares, acelerando assim a circulação do sangue naquela área. Isso elimina a rigidez dos músculos, torna-os flexíveis, mais eficazes e mais fáceis os cinco métodos autodiagnósticos. O cilindro alivia prontamente a canseira dos membros inferiores, a rigidez dos ombros e vermelhidão dos olhos.

Quando você enche uma garrafa de cerveja com água, tenha cautela para não quebrá-la, pondo água quente de uma vez. Esquente a garrafa primeiro, graduando aos poucos o calor, colocando água quente e finalmente água fervendo.

3) Exercícios para hemorróidas

Os exercícios seguintes produzem ação de bombeamento nas veias dos membros inferiores, removendo a estagnação de sangue nas veias das hemorróidas. As veias também sofrem um efeito rejuvenescedor.

a) O exercício "T"

Deite-se de costas numa tábua plana e dura. Coloque suas mãos na tábua, atrás de você, sustente o tórax numa posição elevada de 30° da cama e levante também os membros inferiores no mesmo ângulo. Seu osso sacro deve estar em contato com a tábua. Conservando esta posição, estique bem os tendões de Aquiles e ponha seu pé um atrás do outro de modo que eles fiquem na forma da letra "T". Depois troque a posição de ambos os pés. Continue esta seqüência de movimentos 40 a 50 vezes.

b) O método de virar a perna

Separe suas pernas esticadas cerca de 30° uma da outra e coloque-as, se possível, num suporte ou almofada a cerca de 31 cm de altura. Estique bem os tendões de Aquiles e vire suas pernas para o lado de fora com força. Depois relaxe e deixe-as virar para o lado de dentro. Repita isto cinco vezes. Depois estique seus artelhos e vire suas pernas para o lado de dentro com força. Depois relaxe. Repita isto cinco vezes. Volte ao primeiro exercício e faça-o cinco vezes. Depois faça o segundo exercício mais cinco vezes. Repita estas séries de cinco torceduras para dentro e para fora mais quatro vezes (5 x 2 x 4 = 40). Fechando as mãos firmemente e virando seus braços ao mesmo tempo que as pernas, conseguirá melhor efeito.

39. Métodos especiais para vasos capilares

1) Efeito

Os dois primeiros exercícios capilares devem ser feitos contra dor na junta do joelho que não sara pelo simples exercício capilar.

2) Método

a) Se a junta do joelho está afetada, aplique o exercício capilar com as pernas suspensas como indica a figura 31. Use uma cordinha equipada com uma mola ou cinto elástico para não esticar muito o joelho doente.

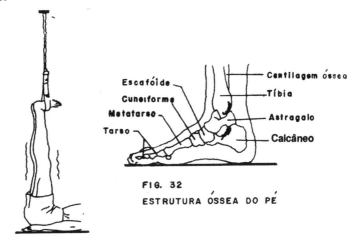

FIG. 32
ESTRUTURA ÓSSEA DO PÉ

FIG. 31
EXERCÍCIO DE SUSPENSÃO CAPILAR

b) Se as juntas do pé ou tornozelo e calcanhar (conforme ilustração do pé) estiverem afetadas, aplique o exercício capilar no pé que se deve fixar numa tipóia como indica a figura 33.

FIG. 33   EXERCÍCIO CAPILAR DE "TIPÓIA"

c) O exercício capilar para os dedos

Quando o exercício capilar é aplicado desde os dedos com panarício ou outras inflamações, separe os dedos um do outro com algodão, não deixando um tocar no outro.

d) O "borrifar" capilar (aplicação do princípio do borrifador)
Este exercício acelera a circulação do sangue na garganta e cura suas inflamações. Na posição sentada, o exercício capilar é aplicado com as mãos levantadas durante um minuto e quinze segundos. Descansa-se um minuto com as mãos abaixadas. Esta seqüência é repetida mais dez vezes. Uma compressa fria deve ser aplicada à garganta durante o exercício, o que é bom para as amigdalites e laringites e também alivia a rouquidão.

e) A metade capilar
Como indica a figura 34, deite-se sobre um lado e faça o exercício capilar com o braço e perna do outro lado. Quando os lados direito e esquerdo do corpo não são desenvolvidos igualmente (músculos, nervos, etc.) ou suas funções não estão em equilíbrio, aplicando o exercício capilar no lado mais fraco conseguir-se-á estabelecer um bom equilíbrio entre ambos os lados.

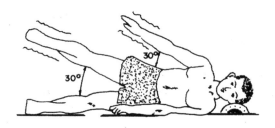

FIG. 34 — EXERCÍCIO MEIO CAPILAR

Nota

Use um travesseiro apropriado e levante o braço e a perna cerca de 30° do corpo, para fazer a metade do exercício capilar.
Deve-se continuar o exercício durante dois ou três minutos cada vez e repetir freqüentemente, dependendo das condições do corpo.

f) Exercício capilar de 45 graus

A postura é a mesma que os outros exercícios capilares ordinários (decúbito dorsal, com travesseiro apropriado e as pernas levantadas verticalmente) com exceção de que cada perna deve estar estirada para os lados cerca de 45°.

Isto é aplicado para curar dismenorréia, leucorréia e também para melhorar a função geral dos órgãos genitais de ambos os sexos.

3) Método de pé sobre um pé

a) Efeito

De pé e apoiando-se em um só pé, você faz trabalhar 312 músculos. A capacidade de fazer este exercício durante quarenta minutos para o homem e vinte e cinco para a mulher prova que nada está errado com seu corpo.

b) Método

Antes de ficar de pé sobre um só pé, os problemas do pé devem ser curados com o exercício capilar. Levante uma perna tão alto que a coxa fique na horizontal e tente ficar quieto, sem se mexer. Troque os pés a fim de treiná-los alternadamente. Tente ficar completamente imóvel num só pé. Se você prender quatro molas finas com pequenos sinos no seu tornozelo e estendê-lo em quatro direções (frente, costas, direita e esquerda), você poderá dizer se seu pé está tremendo de algum modo.

40. *Horai-geta* **(tamanco com um suporte hemisférico)**

1) Efeito

Use um par de *Horai-geta* (conforme figura 35), de superfície plana e dura (por exemplo, uma tábua de madeira), e tente ficar de pé sobre as duas esferas por um minuto e vinte segundos. Esta postura requer um trabalho delicado e bem equilibrado de todos os 662 músculos de todo o corpo. Quando você adquirir esta habilidade através de exercícios, você nunca será atacado por hemorragia cerebral, anemia, câncer, nem quaisquer outras doenças. Isto porque o corpo humano pode ser considerado como um giroscópio.

FIG. 35   HORAI-GETA

2) Método

Considerando a dificuldade em ficar de pé sobre dois hemisférios desde o começo, você pode tentar ficar de pé primeiramente no hemisfério esquerdo, usando o direito para ajudar a equilibrar-se. Quer dizer, quando você estiver perdendo o equilíbrio e caindo para frente, rapidamente incline o tamanco direito para frente e suporte seu peso com a beirada da frente. Quando você estiver caindo para trás, mantenha o equilíbrio com a beirada de trás. Praticando algumas vezes, você estará apto a se equilibrar por uns poucos segundos. Depois de praticar igualmente com o direito, e com o esquerdo, você estará apto a se equilibrar em ambos os hemisférios.

Se você caminhar, por exemplo no jardim, usando um par de *Horai-geta* com hemisférios de metal a fim de que eles durem mais, várias espécies de aborrecimentos poderão ser sanados. Uma senhora informou que esse método curou-a das irregularidades menstruais.

Além do mais, não é o salto alto mas sim a ponta alta dos tamancos ou sapatos que deve ter uma inclinação de 24°. Essa prática estica os músculos da barriga da perna e cura veias varicosas, hipertensão, dificuldades para ouvir, zumbidos, etc. e tem um efeito rejuvenescedor. Seria melhor tirar os saltos de seus calçados comuns e dar umas voltas com eles durante vinte ou trinta minutos por dia.

41. A cura com polaina

1) Efeito

As polainas curam veias varicosas, as quais causam várias outras doenças.

2) Método

Prepare um par de polainas, por exemplo, molhando um rolo de pano de algodão (cerca de 33 cm de largura e 11 metros de comprimento) do começo ao fim. Dobre os pedaços um sobre o outro. Dois pares de polainas comuns podem ser costurados juntos pelos finais sem barbante. Cerca de duas horas antes de ir dormir, primeiro faça o exercício capilar e então vá enrolando seus membros inferiores, um depois do outro, desde os artelhos até o meio da coxa, apertado no começo e menos apertado à medida que for subindo. Quando isto for feito, deite-se e ponha seus pés sobre um móvel com cerca de 30 a 45 cm de altura. Fique quieto cerca de duas horas. Depois tire as polainas e faça o exercício capilar antes de dormir.

3) Nota

Não se esqueça de tirar as polainas dentro de duas horas, porque se elas ficarem durante toda a noite, a circulação do sangue será perturbada. No entanto, se as pernas não estiverem levantadas, você pode ficar com as polainas toda a noite.

As pessoas que transpiram muito podem usar finas folhas de caqui embaixo das polainas.

O tratamento deve continuar no começo de todas as noites até a cura completa. Todavia, use o tratamento de acordo com os sintomas e sua condição física.

Durante a cura, a temperatura pode subir rapidamente em algumas pessoas e cair em outras. Deve-se estar pronto para aceitar a mudança de temperatura como um passo em direção à saúde. Esta subida ou descida de temperatura não dura muito depois da retirada das polainas. Recupera-se logo a temperatura normal.

Antes de colocar as polainas, aqueles que são suscetíveis à febre devem tomar um copo de chá de caqui ou suco de tomate a fim de repor a vitamina C. Aqueles que se sentirem mal ou com náuseas devem tomar uma xícara de sopa temperada com atum seco.

Aqueles que têm sofrido de inflamação da garganta podem ter recaída durante a cura. Neste caso, gargareje com solução de Suimag (leite de magnésia) ou aplique compressa quente ou emplastro de mostarda na garganta.

A cura pela polaina pode causar, em algumas pessoas, batimento violento do coração. Mas deve-se continuar o tratamento se a palpitação for suportável porque várias doenças do corpo começam a ser curadas nesse momento ou no máximo dentro de duas semanas. Este tratamento é tremendamente eficaz contra as hemorróidas.

42. O método de movimento para mulheres, inclusive mulheres grávidas,

1) Efeito

Os métodos seguintes asseguram um parto fácil. Mesmo aquelas que tiveram partos difíceis antes podem ter partos completamente fáceis se fizerem estes exercícios.

Além do mais, os exercícios são eficazes contra várias doenças ginecológicas, tais como: hipoplasia uterina, retroflexão do útero, dismenorréia, amenorréia, esterilidade, cisto ovariano, mioma uterino, câncer uterino, posição anormal do feto, endometrite, vaginite, etc. A prática diária destes exercícios (de manhã e à noite) previne e cura doenças dos órgãos genitais de ambos os sexos.

FIG. 36

EXERCÍCIO DE JUNÇÃO DAS PALMAS DAS MÃOS E SOLAS DOS PÉS (SAPO)

2) Método

Os exercícios seguintes podem ser feitos até logo antes do parto e recomeçados três a cinco dias após o parto.

a) Juntar as palmas das mãos e as solas dos pés

Este exercício equilibra os músculos e nervos dos dois lados dos membros, estabelecendo a harmonia entre as partes do corpo. Sobretudo o exercício da junção das solas dos pés regula as funções dos músculos e nervos das regiões pélvicas, abdômen e diferentes partes dos membros inferiores. Também acelera a circulação do sangue nestas áreas, de modo a facilitar o crescimento do feto e o parto. Portanto a mulher que praticar todas as manhãs e todas as noites, desde sua primeira menstruação, estará livre de todas as doenças ginecológicas. Este exercício é uma necessidade para as mulheres de qualquer idade, que fazem esportes ou trabalham em pé.

Como fazer o exercício da junção das
palmas das mãos e solas dos pés

O exercício da junção das palmas das mãos e solas dos pés deve ser feito na posição sentada, mas para a mulher grávida a posição em decúbito dorsal seria melhor.

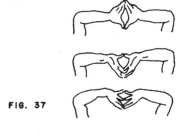

FIG. 37

EXERCÍCIO DAS MÃOS PARA O EXERCÍCIO DE SAPO

Antes de juntar suas palmas, primeiro abra bem os dedos e toque as polpas dos dedos de uma mão com a outra. Conserve-se nesta posição, pressionando e relaxando, alternadamente, diversas vezes as polpas dos dedos, mantendo-as juntas e esticando ambos os antebraços numa linha reta, como indicado na figura 37. Force a rotação dos dedos em ambas as direções, usando os antebraços como eixo. Depois junte as palmas das mãos e coloque-as em posição perpendicular ao corpo deitado (Conf. Método de junção das palmas das mãos).

Quanto ao exercício de junção das solas dos pés, abra bem os joelhos dobrados enquanto as solas dos pés devem estar unidas. Deslize os pés para frente e para trás uma dúzia de vezes, como indica a figura 36. A distância para o deslizamento deve ser o dobro e meio do comprimento do pé da pessoa. Depois fique imóvel com as palmas das mãos e as solas dos pés juntos durante cinco a dez minutos.

Durante o exercício, tente conservar os joelhos abertos e as solas dos pés juntas o quanto for possível.

Faça este exercício antes de se levantar e antes de ir dormir e também durante o dia, quando você tiver tempo. Seria melhor praticar o exercício capilar antes e depois deste exercício (Fig. 36 – Exercício de junção das palmas das mãos e solas dos pés e Fig. 37 – O movimento das mãos para o exercício da junção das palmas das mãos e solas dos pés).

b) Método Liebenstein de movimento

Os exercícios para antes e depois do parto, do médico alemão Dr. Liebenstein constam de seis exercícios (três para o abdômen, dois para a pélvis e um para as partes superior e inferior da perna). No entanto eles são incluídos na prática dos exercícios peixe-dourado e capilar, no método do movimento dos tornozelos e no método para fortalecer o músculo abdominal e também nos exercícios de junção das solas dos pés. A mulher grávida deve ter cuidado para não praticar o método para fortalecimento do músculo abdominal demasiadamente forte.

Pelas razões acima, somente três exercícios do Dr. Liebenstein serão citados abaixo como exercícios subsidiários.

FIG. 38 - EXERCÍCIO DE ESTENSÃO E FLEXÃO

1. Exercício de dobra e estiramento dos pés

Primeiro faça o exercício capilar, depois coloque seus pés num suporte de altura apropriada ou sobre diversas almofadas e, alternadamente, dobre e estire as juntas dos tornozelos uma dúzia de vezes como

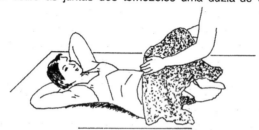

FIG. 39 - ABRINDO E FECHANDO OS JOELHOS

mostra a figura 38. Depois faça o exercício capilar outra vez. Este exercício acelera especialmente a circulação do sangue nos membros inferiores além de estimular os vasos sangüíneos de todo o corpo.

2. Exercício de empurrar os joelhos contra uma força oposta

Este exercício amplia a pélvis, fortalece os músculos glúteos e femural e assegura um parto fácil.

Como mostra a figura 39, uma mulher grávida deitada de costas mantém os joelhos dobrados e separados cerca de 33 centímetros. Sua cabeça pode descansar sobre as mãos cruzadas ou sobre um travesseiro duro. O tórax deve ficar completamente relaxado. Então, ela deve tentar abrir seus joelhos tudo quanto possível, fazendo força contra uma pressão oponente, providenciada pela ajuda de um assistente, como mostra a figura 39.

Depois a direção do movimento deve ser ao contrário. O assistente tenta abrir os joelhos, enquanto a mulher tenta juntá-los.

Nota

O assistente deve regular sua força para não fazer pressão demasiadamente forte a fim de que os joelhos se movam regularmente. Se os joelhos tremerem, a força deve ser reduzida.

O exercício não deve ser repetido muitas vezes a fim de evitar fadiga.

Uma faixa elástica própria para exercício de arco e flexa, presa nos joelhos, servirá para o exercício de forçar os joelhos para fora, caso não haja um assistente à disposição.

3. O método de movimento para a pélvis

Na mesma posição deitada com os joelhos um pouco afastados como no exercício b, contraia os músculos do ânus e das nádegas tão intensamente quanto possível, durante algum tempo, reprimindo a iminente necessidade de voltar ao natural e relaxe os músculos completamente. Isto fortalece o músculo esfincterial da vagina e reforça o vigor sexual, assegurando também um parto fácil. A seqüência acima deve ser repetida de três a cinco vezes.

A nota para **b** é também aplicável neste exercício.

43. Pressão padrão do sangue

De acordo com a concepção comum, podemos dizer que a pressão máxima é a pressão do sangue na artéria quando o coração se contrai. A pressão mínima da artéria ocorre quando o coração se dilata. O batimento do pulso é a diferença entre os dois.

Pela diferença do cálculo integral, o autor descobriu que há uma relação definida entre estas pressões, como segue:

Pressão máxima	Pressão mínima	Batimento do pulso
3,14	2	1,14
ou 1	7/11	4/11

Tabela 21 – Analogia da pressão padrão do sangue.

A mesma proporção obtida na medição estatística de 100.000 americanos é aproximadamente 3:2:1, enquanto o valor médio do esfigmomanômetro de milhares de japoneses é aproximadamente 1:7/11:4/11.

Tabela 22 – Padrão da pressão do sangue dos japoneses homens por grupo de idade (unidade: milímetro).

Nota: De modo geral, a pressão das mulheres é mais baixa cerca de 5 mm em comparação com a dos homens.

As seguintes fórmulas dão o padrão máximo da pressão sangüínea de diferentes idades acima de 21 anos.

$$\text{Para homens} \quad 115 + \frac{\text{idade} - 20}{2}$$

$$\text{Para mulheres} \quad 110 + \frac{\text{idade} - 20}{2}$$

Para medir a pressão sangüínea de uma pessoa, divide-se a pressão máxima pela pressão mínima e se o resultado for perto de 1,57 para uma pessoa acima de 12 anos e 1,5 para uma pessoa abaixo desta idade, as pressões máxima e mínima estão bem proporcionadas. Se esta média está abaixo de 1,38, isto significa que a pessoa é propensa à hemorragia cerebral e, se acima de 1,83, à embolia, tuberculose, câncer, pneumonia, etc. Portanto a pessoa deve esforçar-se para fazer a pressão média ficar perto de 1,57, praticando imediatamente o método de flexibilidade dos membros inferiores como também a cama plana, o travesseiro duro, o exercício do peixe dourado, o exercício capilar, a cura pelo Hadaka, a sucessão de lavapés, dieta de cura pela alga marinha, a cura de alimento cru, os métodos de movimento dos pés, etc.

44. A reação da sedimentação

A reação acelerada ou retardada da sedimentação da célula vermelha dá algum conhecimento do estado físico de uma pessoa, gravidade da doença e sua aproximação do prognóstico ou diagnóstico diferencial.

A reação do sedimento fica acelerada por sintomas semelhantes de doenças como febres, absorção de proteína devida a células imperfeitas ou de produtos inflamatórios, acidose, anemia profunda, hipofunção dos rins, etc.

Doenças e sintomas que abaixem a sedimentação são policitemia, alcalose, caquexia (coma e convulsão), icterícia hepatocelular (parenquimatose), choque anafilático, etc.

Em qualquer caso, o fator mais importante que influencia a reação da sedimentação é a variação da média componente entre as proteínas do plasma. Todos os outros fatores e condições são meramente secundários.

Embora a reação da sedimentação não esteja diretamente relacionada com a intoxicação de monóxido de carbono, a administração de leite de magnésia e "Tsumura" (absorvedor de odor ou toxina) normaliza rapidamente a reação acelerada da sedimentação.

Pode-se ver claramente que a estabilidade da reação depende do equilíbrio funcional de todo o corpo. A reposição da vitamina C obtida da decocção da folha de caqui também diminui a sedimentação quase até o valor normal.

Para conhecer sua reação de sedimentação deve-se consultar o médico.

Homens	Mulheres (exceto quando menstruadas ou grávidas)	
Entre 2 mm	Entre 3 mm	lento
	3- 8 mm	normal (adulto)
2- 5 mm	9-12 mm	dentro do limite
11-20 mm	13-25 mm	pouco acelerado
21-30 mm	26-35 mm	acelerado moderado
31-60 mm	36-60 mm	muito acelerado
Acima de 60 mm	Acima de 60 mm	demasiado acelerado

Tabela 23 – Reação da sedimentação da célula vermelha.

45. A cura pela sugestão

De acordo com Czerny e outras experiências, nós dormimos profundamente somente uma ou duas horas (uma hora e quarenta e cinco minutos na média) depois de termos adormecido. Neste período é que o sistema autônomo fica no estado de "Sunyata", sem receber impulsos. Este é o período em que a sugestão é mais eficaz. O paciente a quem vai ser aplicada esta cura deve estar dormindo profundamente.

Ponha uma agulha entre dois palitos japoneses, com as extremidades para fora cerca de um centímetro e amarre com linha as extremidades nos palitos. Com esta agulha toque o paciente na sola do pé. Se ele só retirar seu pé um pouco, sem dizer nada, ele está dormindo profundamente.

O terapeuta deve ter praticado o exercício dos quarenta minutos de junção das palmas das mãos. Levante as mãos e vibre-as um pouco. Depois coloque as palmas das mãos perto de sua testa e delicadamente deslize a mão sobre seu corpo, sobre a barriga, até o umbigo, em cerca de 5 segundos. Depois o terapeuta levanta a mão e vibra-a um pouco outra vez. Toda esta seqüência deve ser repetida algumas dezenas de vezes.

Durante a cura o terapeuta deve convencer-se de que é capaz de dar sua direção espiritual ao paciente. Deve ainda repetir uma frase ou sentença curta que seja apropriada à sugestão. Quanto mais o terapeuta for respeitado pelo paciente, maior é o efeito da cura. A sugestão com sexo oposto é geralmente mais eficaz. As palavras de sugestão devem ser gravadas e tocadas repetidamente.

Esta cura tem um efeito imediato contra insanidade, diversos maus hábitos, crianças com muito apetite e pouco apetite, pouco aproveitamento de alimentos, pouco aproveitamento escolar, etc. É aplicado para vários outros melhoramentos espirituais. Para sugestão oral: "Não beba mais álcool. Bebidas alcoólicas não têm bom gosto", darão resultado a um marido alcoólatra e "não molhe mais a cama, levante-se e vá ao sanitário" para uma criança que urine na cama. Se é difícil decidir o que dizer, o terapeuta pode dizer somente: "Tudo está ficando melhor".

46. O método de correção do eixo ótico

1) Efeito

Corrigindo o eixo ótico, você alivia a fadiga e iguala a vista em ambos os olhos (no caso de astigmatismo, etc.)

2) Método

Escolha um ponto que esteja a certa distância em sua frente. Fixando a vista nesse ponto, coloque seu dedo indicador (ou objeto similar) verticalmente em frente de sua face. Aí você verá duas imagens de seu dedo.

Fixe a vista no ponto e mova rapidamente o dedo por um ou dois minutos, de modo que o dedo possa ser localizado a igual distância das imagens. Isto ajusta, embora temporariamente, o eixo ótico e alivia a fadiga, além de propiciar gradativamente um retorno favorável dos problemas oculares e do nariz. No entanto a cura radical requer exercícios para a simetria dos membros e a rotação das juntas dos tornozelos, etc.

Quando o ponto mirado está a igual distância das duas imagens acima mencionadas, feche um olho, depois o outro. Aí a imagem pula da direita para a esquerda. Veja a distância entre o ponto e cada imagem.

O olho cuja distância em questão parece maior tem a visão melhor do que o outro olho.

47. O método de arroz diluído trinta vezes

1) Efeito

Este método aumenta o apetite, elimina o cansaço e torna uma pessoa magra razoavelmente corpulenta, etc.

2) Método

A água de arroz diluída trinta vezes é recomendada a doentes graves que não têm apetite. É preparada como se segue.

Certa quantidade de arroz integral é socado, moído, peneirado e separado em farinha grossa média e fina. As cascas que ficaram na farinha grossa devem ser removidas. Qualquer das três categorias de farinha é boa para a água de arroz, mas não devem ser misturadas as três.

Primeiro calcule a porção de água de arroz que o paciente possa tomar por dia. Meça 1/15 de farinha de arroz, calculada sobre a quantidade de água. Acrescente trinta vezes mais água que a quantidade de farinha e cozinhe lentamente até reduzir a água pela metade. Este é o modo de se fazer a chamada água de arroz diluído trinta vezes, a que se mistura um sexto ou oitavo da gema de um ovo e um pouco de sal, quando a água do arroz é cozida a 40°C (104°F). Se o paciente não o apreciar, acrescente uma quantidade de suco de sua fruta favorita que o ajudará a consumi-la.

Na próxima vez faça água de arroz diluída 28 vezes e dê ao paciente. Oferecer, assim, arroz cada vez menos diluído, seguindo a tabela abaixo. No entanto, se acontecer que o paciente ache a água de arroz muito concentrada, ela pode ser feita mais fina.

A quantidade de gema de ovo a acrescentar varia de acordo com o grau de diluição como indicado a seguir.

144

Farinha de arroz integral	água	ferver até	gema de ovo
1	30	1/2 quantidade de água	1/8-1/6
1	28	1/2 quantidade de água	1/8-1/6
1	26	1/2 quantidade de água	1/8-1/6
1	24	1/2 quantidade de água	1/8-1/6
1	22	1/2 quantidade de água	1/8-1/6
1	20	1/2 quantidade de água	1/4
1	18	1/2 quantidade de água	1/4
1	16	1/2 quantidade de água	1/4
1	14	1/2 quantidade de água	1/4
1	12	1/2 quantidade de água	1/2
1	10	1/2 quantidade de água	1/2
1	8	1/2 quantidade de água	1
1	6	1/2 quantidade de água	1

Tabela 24 – Método de água de arroz diluído trinta vezes

Como a quantidade de água permanece a mesma, a farinha de arroz é aumentada de acordo com a concentração.

Depois da água de arroz diluída oito ou seis vezes, que é a concentração máxima, o paciente começa a tomar sopa rala de arroz. A gema de ovo não deve ser acrescentada antes que a água do arroz atinja cerca de 40°C (104°F), porque seus elementos nutritivos seriam destruídos pelo calor. Se não se conseguir arroz integral, pode ser substituído a metade ou totalmente por arroz polido. Mas, nesse caso, uma colher de chá de grão de arroz fresco deve ser acrescentada a 180 g de arroz.

Ao se dar água a um bebê lactente, esta deve ser filtrada em três camadas de gaze para que nenhum grânulo do arroz seja encontrado quando a água for espalhada em um pedaço de vidro. Essa água de arroz misturada com cerca da mesma quantidade de leite é boa para dispepsia do bebê. A água de arroz para esta mistura não deve ser grossa, mas bem rala.

Aos poucos vá aumentando sua concentração, examinando as fezes do bebê. Tenha cuidado para não concentrar a água do arroz muito depressa, desejando fortalecer o bebê muito rápido porque decididamente isto não funciona.

A fim de aliviar a fadiga você pode tomar 1/4 de gema de ovo misturado na água de arroz diluído 20 vezes, tomar entre as refeições e reduzir a refeição ordinária para a mesma quantidade da água de arroz.

A fim de aumentar o peso, deve-se continuar a tomar cerca de 180 ml de água de arroz duas vezes ao dia, entre as refeições. Quanto a grau de diluição, você pode escolher aquele que for mais agradável ao seu paladar.

48. Método de "misso" abdominal ou emplastro de trigo sarraceno

1) Efeito

O emplastro de "misso" (pasta fermentada de feijão japonês) para o abdômen elimina a febre, movimenta os intestinos, alivia a respiração difícil, descarrega os rins e a bexiga, absorve a água acumulada no abdômen, etc. Tem também excelente efeito sobre peritonite, apoplexia, ascite, tuberculose intestinal e pulmonar, tuberculose peritoneal, pleurite, dilatação abdominal, insuficiente movimento peristáltico, doenças febris, etc.

2) Método

Acrescente cerca de uma xícara de água quente ao "misso" e amasse bem. Espalhe a massa numa toalha quente dobrada em três, deixando uma margem de cerca de 3 cm em toda a volta, e cubra-a com um pedaço de gaze. Corte um pequeno disco (cerca de 3 cm de diâmetro) de papelão ou de algo semelhante e ponha-o sobre o umbigo, para impedir que a massa penetre nele. Ponha o lado de baixo da toalha com o "misso" e a gaze sobre o abdômen de modo que o centro da toalha caia aproximadamente sobre o umbigo. Cubra o emplastro com toalhas quentes de vapor, papel oleado e pedaço de algodão cru para conservar quente o emplastro. Enrole uma faixa ao redor do abdômen e aperte bem para que o emplastro fique completamente em contato com o abdômen. As toalhas frias devem ser trocadas por outras quentes a cada meia hora e o emplastro deve ficar por mais de 4 horas. Enquanto isso, a evacuação deve ser facilitada com a introdução de vaselina no ânus ou por um clister de 30 a 50 ml de água morna. Se começar a ter dor de estômago, é sinal de que está começando o movimento dos intestinos. O exercício peixe dourado auxilia a evacuação.

O emplastro de "misso" pode ser aplicado somente uma vez mas algumas vezes pode-se continuar por mais de 7 a 10 dias ou mais. Nesses casos, cerca de 50 g de novo "misso" deve ser acrescentado cada vez e amassado novamente. Quando o "misso" começa a ter um odor desagradável, é melhor jogá-lo fora.

Um emplastro com dois pedaços de "konnhaku" (cadeira de língua do diabo) fervido em água salgada, embrulhado numa toalha e colocado sobre outra toalha quente com vapor, conserva-se quente por mais de duas horas. Deve ser aplicado ao abdômen antes de dormir e mantido durante a noite toda. Uma almofada elétrica também serve mas um aquecedor de bolsa desprende gás e não é recomendável para repetidos usos ou para um paciente gravemente ferido.

A exsudação pleural será removida pela combinação do emplastro abdominal e cataplasma de mostarda no peito. A um paciente que tenha perdido a consciência por causa de golpe na cabeça ou paralisia, o emplastro abdominal é capaz de ressuscitá-lo.

3) Nota

Os intestinos esvaziados por uma volumosa evacuação devem ser abastecidos com água rala de arroz ou mingau de amido. O mesmo cuidado deve ser tomado depois de intensa diarréia.

4) Trigo sarraceno (emplastro)

Aqueles que têm pele sensível e não suportam o emplastro de "misso", podem usar farinha de trigo sarraceno, que é preparado como se segue:

Para cada 150 g de farinha acrescente 5 g de sal. Amasse um pouco com água e depois amasse derramando água quente de modo que ela se torne macia. Esprema um pouco num pedaço de pano e aplique sobre o abdômen.

5) Outros materiais para emplastro
A mistura do emplastro de inhame (Conforme 65 – O método do emplastro de inhame) com leite de magnésia e iruma; uma mistura de 50-50 de leite de magnésia e óleo de oliva ou óleo de gergelim; ou somente emplastro de puro inhame algumas vezes aplicado no abdômen.

49. A cura pelo tabaco

Método

1) Efeitos
A cura pelo tabaco que se usa no cachimbo é o melhor método para tratamento de moléstias do coração. Não há necessidade de tragar. Apenas inspirar e aspirar rapidamente.

2) Método como ilustrado abaixo. Começa-se fumando cerca de 3,75 g de fumo trançado nos 3 primeiros dias, aumentando a dose em cada 4 dias até chegar a cerca de 18 gramas. Daí a mesma dose é fumada durante 5 ou 10 dias consecutivos, dependendo da gravidade do sintoma e da idade e sexo da pessoa. Depois vai-se diminuindo a dose paulatinamente cerca de 3,75 g a cada quatro dias. Depois de 3 dias durante os quais você fumou 3,75 g a cada dia, observe um período sem fumar que deve ser tão longo quanto o período no qual você fumou a quantidade maior. Seguindo esta seqüência mais duas vezes, mesmo uma grave doença valvular será curada.

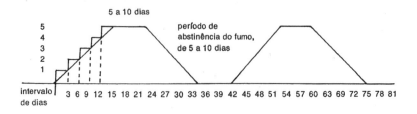

Tabela 42 – A cura pelo tabaco

3) Nota

Durante esta cura, além da observância das seis regras da Medicina Nishi, esforços concentrados devem ser dirigidos para ingestão de água não fervida, a dieta da cura por alimentos crus e o exercício capilar.

50. Método de fortalecimento da perna

1) Efeito

Este exercício treina os músculos da perna como o músculo tensor lateral, músculo sartório, músculo quadríceps femural e os músculos dos joelhos. Previne a flacidez do músculo femural, aumenta o vigor, eleva a probabilidade de concepção e também fortalece as pernas. O método também alivia a fadiga, regula o movimento dos intestinos e melhora a capacidade de andar.

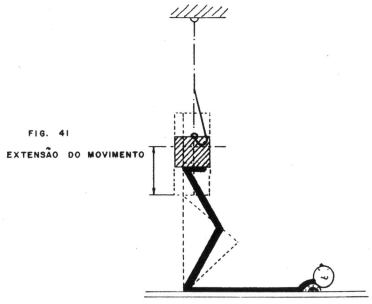

FIG. 41
EXTENSÃO DO MOVIMENTO

2) Método

Como indicado na figura 41, dependure um peso no teto e deite-se, usando um travesseiro bem sólido. Sustente o peso com ambas as solas dos pés. Levante e abaixe o peso repetidamente numa velocidade de 60 vezes por minuto, dobrando e esticando alternadamente as juntas do joelho. O peso a ser levantado depende de sua força física, mas talvez possa também começar com 1,875 kg. Quando você estiver hábil e levantar facilmente o peso na velocidade acima, ele pode ser aumentado em mais 375 g. O máximo de peso a ser levantado é 22,5 kg. Idealmente falando, você deve ser capaz de fazer o exercício com um peso de 3/4 do peso de seu corpo.

Aqueles que praticam este exercício devem ingerir cerca de 120 g de vegetal cru por dia, composto de planta com raiz e vegetais de folhas verdes rasgadas ao meio e também 5 diferentes espécies de vegetais para quem estiver doente e 3 para uma pessoa sadia.

3) Nota

Se um paciente estiver se recuperando de uma doença grave e quiser fortalecer suas pernas com este método, deve fazer o exercício, aos poucos, quando não estiver com febre.

Para fazer os pesos por si mesmo, você pode encher sacos com areia, pedregulho, arroz, feijão ou algo semelhante, ou dependurar uma caixa de madeira no teto colocando dentro areia, livros, etc. É conveniente ter quatro sacos de 375 g e diversos sacos de 1,875 kg para um aumento gradual de peso.

Se você fizer buracos no fundo da caixa e prender tiras de couro, a caixa não se moverá de um lado para o outro.

Você deve dobrar e estender bem suas pernas.

51. Método para fortalecer o braço

1) Efeitos

Este é um método para fortalecer as juntas dos ombros (músculos deltóides dos ombros), como também os órgãos respiratórios. A observação combinada das seis regras, a cura pela dieta de alimentos crus, a cura pela nudez e este método de fortalecimento do braço curam até pessoas que tenham cavidades tuberculosas.

2) Método

Conforme é mostrado na figura 42, deite-se numa cama plana ou semelhante, usando um travesseiro sólido. Segure com ambas as mãos um peso dependurado no teto e alternadamente levante-o e abaixe-o na velocidade de 60 vezes por minuto.

Comece com 1,875 kg cada vez, desde que você esteja hábil para fazer o exercício na velocidade acima. O último peso a ser levantado é de 15 kg ou idealmente 1/2 do peso do seu próprio corpo.

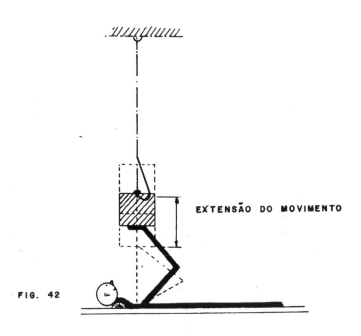

FIG. 42

3) Nota

O paciente tuberculoso deve fazer este exercício gradualmente e apenas quando não estiver com febre. Mesmo que tenha cavidades tuberculosas, ele será finalmente curado de sua doença. Como acima foi mencionado, deve-se dizer que, além deste exercício, ele deve observar as seis regras, a cura pela dieta de alimentos crus, a cura pela nudez, etc.

No caso de asma brônquica ou semelhante, a tosse pode temporariamente tornar-se mais intensa, mas se o paciente não abandonar o exercício durante o período difícil, sua doença será completamente curada.

A prática simultânea do método de fortalecimento do braço e o método de fortalecimento da perna trará melhores resultados. Nestes casos, porém, a ingestão diária de vegetais crus deve ser aumentada pelo menos para 240 g. O peso para os braços deve ser 2/3 do peso para as pernas.

Não se esqueça de dobrar e esticar os membros completamente.

52. Exercício de corrida para cura de enurese

1) Efeito

Quando o método vermífugo (Conf. 64), que é o primeiro remédio a experimentar, não der resultado, recomenda-se esta cura pela corrida.

2) Método

A criança que urina na cama deve correr vinte minutos todos os dias desde as 9 horas da manhã e beber um copo de água não fervida. No dia seguinte, ele corre também 20 minutos, começando uma hora mais tarde e bebe um copo de água. Deste modo, deve correr durante vinte minutos todos os dias, mas a hora para começar a correr deve ser retardada de uma hora cada dia. A quantidade de água para beber é a mesma até o dia que se começa a correr às 13 horas. Deste dia em diante, a criança deve beber 1 1/2 copo de água. Continuando esta seqüência até o dia em que começa a correr às 21:00 horas, estará curada a incontinência urinária. Se não estiver curada, deve continuar a correr durante vinte minutos, começando às 21 horas e beber 1 1/2 copo de água até que a enurese seja completamente curada.

A seguinte tabela resume a explicação acima.

Dias	Hora de começar	Duração da corrida	Quantidade de água fresca a beber
1º	9:00	20 minutos	1 copo
2º	10:00	"	"
3º	11:00	"	"
4º	12:00	"	"
5º	13:00	"	1 1/2 copo
6º	14:00	"	"
7º	15:00	"	"
8º	16:00	"	"
9º	17:00	"	"

Dias	Hora de começar	Duração da corrida	Quantidade de água fresca a beber
10º	18:00	20 minutos	1 1/2 copo
11º	19:00	"	"
12º	20:00	"	"
13º	21:00	"	"
14º	21:00	"	"
•	•	•	•
•	•	•	•
•	•	•	•

Tabela 25 – A cura da enurese pela corrida.

53. O pijama reformado ou camisola ventilada

A evacuação de fezes estagnadas, desintoxicação do monóxido de carbono e outras substâncias nocivas produzidas dentro e fora do corpo, além da melhora da função da pele, são os propósitos da reforma do pijama. O pijama é equipado, como ilustrado abaixo, com pedaços de rede para ventilação. As seguintes partes do corpo excretam os gases mencionados mais intensamente: abdômen, tórax, coxas (em volta do músculo reto abdominal), a parte de trás da 3ª até a 12ª vértebra, partes laterais do abdômen e os quadris (para mulher abaixo de 24 anos de idade).

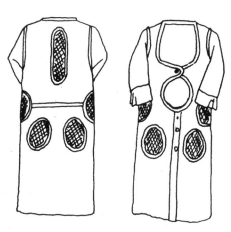

FIG. 43 – CAMISOLÃO VENTILADO

54. Cinta protetora

1) Efeito

Evita balançar as nádegas, assim como contrair o estômago e os intestinos. É o meio mais eficaz contra prisão de ventre. Isto porque a agitação crônica dos quadris paralisa os intestinos e causa a prisão de ventre.

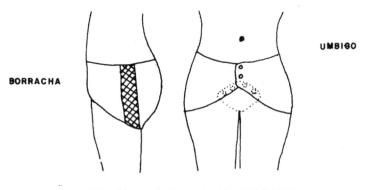

FIG. 44 - ESPARTILHO DE SEGURANÇA

2) Método

Para o propósito acima, a chamada cinta específica é necessária para suspender os intestinos juntamente com outros órgãos internos.

Eu já desenhei tal cinta e já obtive a patente. Ela tem as seguintes características:

1. Em resumo, a cinta higiênica evita a queda dos órgãos internos, causada pela agitação dos glúteos enquanto se anda. Ela normaliza a função intestinal, previne a prisão de ventre e assegura também um parto fácil. Pode ainda servir como faixa higiênica quando for equipada com um forro para introduzir absorvente de odor e toxina.

2. Seu estilo é semelhante ao espartilho usado no Ocidente e deixa bastante elegante. Ela fica bem com um quimono, assim como com um vestido e melhora muito a aparência.

3. A cinta higiênica não somente aperta totalmente os músculos dos glúteos e impede que eles se movimentem, mas também suspende o baixo abdômen, impedindo a queda dos órgãos internos. Seu uso habitual restaura fisiologicamente órgãos já caídos para sua posição normal.

4. A cinta higiênica para homens, equipada com uma peça removível de algodão, é fácil para lavar e pode servir como faixa tanga.

5. A faixa japonesa de algodão, dobrada em triângulos duplos, pode servir como substituto provisório, sendo enrolada em volta dos quadris e apertada na frente.

55. A faixa tanga higiênica

Rapazes com mais de 14 ou 15 anos, ou homens, devem usar uma faixa lombar justa a fim de livrar os genitais externos de comichões ou contaminação. Isto também se aplica às moças e às mulheres. Além do mais a faixa tanga pode servir também como suporte higiênico durante a menstruação. Diferente da tradicional faixa tanga, cujos cordões passam horizontalmente através do abdômen, este novo modelo de faixa lombar tem seus cordões passados obliquamente sobre as beiradas do flio e não perturba a função renal.

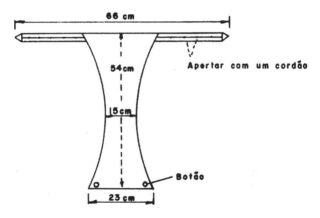

FIG. 45 — MODELO DA TANGA

A faixa lombar deve ser costurada com suas beiradas viradas do lado de dentro para fora, de modo que a superfície em contato com a pele fique lisa com seus cordões equipados com várias casas que devem ser apertadas na frente. Quanto às medidas, faça conforme seu tamanho. Uma faixa lombar vermelha evita a perda de vitalidade (Conf. 70 – A cura pela cor).

Além disso, as mulheres devem usar calças largas ou soltas porque os gases nocivos acumulam-se nessas peças, cujas pernas são apertadas com elástico. Esses gases serão reabsorvidos pelo corpo, o que é uma das causas do útero subdesenvolvido.
    Deve-se usar sempre a faixa lombar limpa, lavada, e trocá-la todos os dias.

56. O método de suspensão

1) Efeito

    Suspendendo-se o corpo como explicado abaixo, a coluna vertebral se alonga e fica em boa disposição. Esse exercício previne especialmente a aderência das vértebras lombares e fortalece as pernas. Não é dizer muito quando se diz que o método de suspensão pode curar não somente uma postura defeituosa, ciática, distorção da vértebra lombar, espondilite tuberculosa (infecção tuberculosa da espinha), mal de Pott, confusão vertebral, mas também edema dos nódulos linfáticos cervicais, hipertrofia das amígdalas, tosse, espasmo gástrico e quase todas as outras doenças.

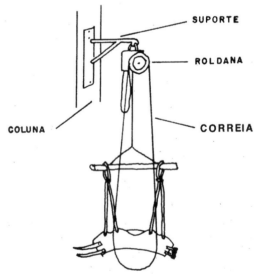

FIG. 46 - APARELHO DE SUSPENSÃO

2) Método

Faça ou compre um conjunto de aparelhos e instale-o como ilustrado na fig. 46. Ajuste o cinto através da cabeça, abaixo do osso do queixo e do processo retro-auricular. Então puxe a corda para deixar o corpo inteiro dependurado no aparelho, pela cabeça. Quando nós suspendemos uma criança pelos braços na altura da cabeça, perguntando-lhe se ela pode ver ao longe, nós estamos aplicando nela o método de suspensão. Um adulto com um cinto suporte preso no seu pescoço e cabeça pode ser suspenso aos poucos, suportando dores nas vértebras.

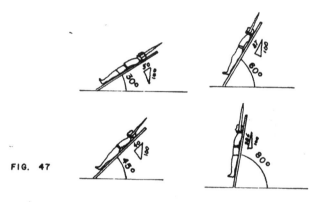

FIG. 47

MÉTODO DE SUSPENSÃO COM INCLINAÇÃO GRADUAL

Dobrando e esticando alternadamente os artelhos e torcendo a parte lombar para a direita e para a esquerda enquanto suspenso ajudará a melhorar o resultado.

Um paciente de membros paralisados ou que esteja preso à cama deve ser suspenso deitado numa tábua inclinada a 30°. A prática simultânea do exercício do peixe-dourado ou capilar lhe fará bem. O grau de inclinação deve ser aumentado gradativamente para 45°, 60°, 80° e finalmente 90°.

A suspensão deve começar com trinta segundos de duração, aumentando aos poucos, conforme o paciente vai se acostumando, até três minutos. Uma vez chegado aos 3 minutos, ele deve permanecer neste tempo em vez de prolongar a duração, até ficar realmente acostumado com a suspensão. Uma suspensão mais longa do que três minutos pode fazer o paciente se sentir como se estivesse sem as pernas. Nesse caso, porém, ele conseguirá sair desse estado, continuando a suspender um pouco mais.

Um estalo que pode dar na coluna vertebral durante a suspensão é sinal de que as vértebras apresentam luxação e estão sendo restauradas. Tais vértebras usualmente estão gastas nos bordos. A ingestão de pó de osso (osso de carpa é o melhor) e vegetais crus é necessária para reforçar os ossos gastos das vértebras.

Aqueles que têm dor de dente devem colocar um pedaço de gaze entre os dentes superiores e inferiores, durante a suspensão. Uma toalha dobrada, colocada embaixo do aparelho, faz diminuir a dor do pescoço e da cabeça durante a suspensão.

Há também um aparelho semelhante à muleta no qual a pessoa é suspensa pelas axilas. Em muitos casos, duas suspensões por dia, uma de manhã e outra à noite, são o bastante. Mas existem casos que requerem várias suspensões por dia.

57. Método de andar durante a convalescença

1) Efeito

Este método mostra como um paciente convalescente deve ficar sobre seus pés e começar a trabalhar. É essencial que o paciente deva começar o exercício quando a febre tiver passado e também quando seu apetite estiver normalizado.

FIG. 48

2) Método

1. O paciente deve tentar ficar em pé um minuto e depois descansar na cama por mais quarenta minutos.

2. De pé ele torce seu tórax diversas vezes para a direita e para a esquerda. Os pés devem ficar imóveis. Depois repousa na cama por mais quarenta minutos.

3. Após ficar em pé, deve dobrar os joelhos e ficar de cócoras sem levantar os calcanhares. Mantendo a parte superior do corpo bem ereta por um minuto, o paciente deve descansar na cama por mais de 40 minutos.

4. Partindo da 3ª posição, vagarosamente, torça o tronco para a direita e esquerda por um minuto. O mesmo tempo de descanso.

5. Ele pratica na posição indicada na figura 48. Os calcanhares devem estar em contato com o solo.

Se o paciente sentir dor em alguma parte do corpo enquanto seguir exatamente as instruções acima, a parte que dói é onde está localizado o seu problema. Somente depois, através da prática dos itens acima, gradativamente, deve-se começar o exercício de andar, que é composto de 6 etapas de 1, 3, 5, 7, 9 e 11 métodos de passos.

O método do passo "um" é feito como se segue: O pé esquerdo dá um passo para frente e o pé direito junta-se ao esquerdo. Então o pé esquerdo é levado para trás um passo e o pé direito novamente se junta a ele. Se não puder fazer isto com firmeza, deve-se praticar bastante este exercício, antes de passar para a etapa número três do método de passos.

A segunda etapa do método de passos é o de 3 e é feita como se segue: O pé esquerdo dá um passo para frente e o pé direito junta-se a ele e assim por mais duas vezes. Depois o pé esquerdo dá um passo para trás e o pé direito junta-se a ele, repetindo-se mais duas vezes.

Continua-se o exercício deste modo, sendo que o número de passos aumenta para cinco, sete, etc. Não se deve esquecer de descansar por mais de quarenta minutos cada vez que uma etapa é dominada, antes de partir para a etapa seguinte.

Somente quando o paciente convalescente tiver seguido onze passos para frente e onze para trás e tiver dominado completamente o exercício, é que ele estará bom para sair fora de casa.

3) Nota

A fim de curar qualquer problema de pé assim como para aliviar a fadiga causada pelo exercício acima, a prática do exercício semelhante a leque e do exercício de levantar e baixar o pé é necessária entre cada etapa. Também o exercício capilar deve ser praticado antes e depois dos exercícios para os pés.

A recaída ocorre geralmente no período de convalescença e o motivo é que o convalescente começa a andar sem praticar, por etapas, o exercício de andar.

58. Método de abertura da forquilha

1) Efeito

Estendendo-se as pernas como se mostra na fig. 49, este método alonga os músculos vastos tibiais e fortalece as pernas, atuando como método revigorante e rejuvenescedor.

2) Método

O propósito final desse método é fazer a separação das pernas a partir da junção, estendendo-as em uma só linha. Concentre a força na região lombar e faça o peso do corpo cair nas pernas estendidas.

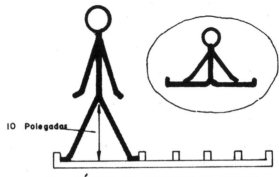

FIG. 49 - MÉTODO DE ABERTURA DA VIRILHA

O aparelho mostrado na figura 49 será útil para o treino. Você deve praticar de modo que possa tornar-se hábil para fazer a separação.

O primeiro objetivo é abrir as pernas até alcançar a próxima divisão. A pessoa que mede 1,50 m deve estender suas pernas até que seu quadril fique cerca de 28 cm do solo, 33 cm para pessoas mais altas e 22 cm para as mais baixas. Elas devem estender as pernas gradualmente até que seu quadril alcance o solo e suas pernas alcancem a abertura de 180°.

3) Nota

Para não lesar os músculos internos da coxa, observe sempre o quanto vai separar as pernas. Se não tiver o aparelho acima, coloque seus pés apoiados num móvel pesado para evitar o deslize. Seria melhor colocar uma almofada grossa nos quadris para maior segurança.

Este exercício requer a ingestão de vegetais crus, mais de 120 g por dia, e a prática do exercício capilar no começo e no final.

59. Método de descanso de 5 minutos deitado de bruços

1) Efeito

Deitar de bruços normaliza e acelera a função renal.

FIG. 50 - MÉTODO DE PROVAÇÃO DE 5 MINUTOS

2) Método

As crianças que dormem de bruços ou pessoas que gostam de deitar de bruços sofrem muitas vezes de hipofunção dos rins. Eles devem praticar o exercício de peixe-dourado na posição de bruços e conservar-se nessa posição por cinco minutos em uma cama reta. Fazendo isso todas as noites, se consegue melhor função do sistema renal.

A posição das mãos não tem importância. Aqueles que já estão sofrendo dos rins devem deitar-se de bruços por cinco minutos, quatro ou cinco vezes por dia. Tomando a posição curvada (Conf. 61) que fortalece os músculos abdominais, reforçará a cura.

No entanto, aqueles que não tiverem observado suficientemente as seis regras, se começarem a praticar este método podem ter seus estômagos e duodenos comprimidos e podem sentir dores se estes órgãos não estiverem em boas condições. Portanto é importante a observação preliminar das seis regras.

60. Método gradual de suporte das mãos

1) Efeito

Equilibrar-se sobre as mãos previne enteroptose e cura prisão de ventre. Fortalece também os braços e os órgãos do tórax.

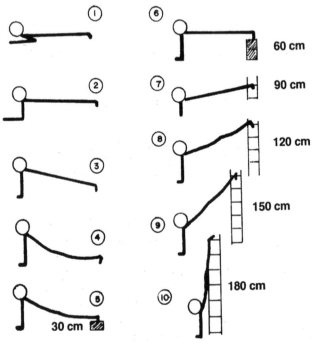

FIG. 51 — MÉTODO DE PARADA DA MÃO GRADUAL

2) Método

São dez as etapas a serem seguidas para conseguir finalmente uma parada de mão como faz o acrobata japonês com máscara de leão.

1. Deite-se de bruços como mostra a figura 51 e descanse com o seu peso distribuído pelo corpo todo.
2. Suporte o peso da cabeça com os cotovelos.
3. Estique os braços e os pés a fim de suportar o peso do corpo com eles.
4. Na mesma posição, isto é, na 3, levante a cabeça e jogue-a para trás. O abdômen é abaixado.
5. Ponha os pés sobre um suporte de mais ou menos 30 cm de altura e coloque o peso do corpo sobre as mãos e os pés. Ficar nesta posição por 3 minutos.
6. Aumente a altura do suporte para 60 cm.
7. As pernas são levantadas numa altura de 90 cm. Pode-se usar uma escada em vez de um suporte.
8. 9. e 10. A altura é aumenta respectivamente para 120 - 150 - 180 cm. Na 10ª posição a pessoa já está equilibrada sobre as mãos. O exercício deve ser gradativo e constante até que a pessoa consiga equilibrar-se sobre as mãos sem dificuldade. Pular os primeiros passos e tentar equilibrar-se de cabeça para baixo logo no começo deve ser evitado. Obedecer essa seqüência traz bons resultados. Uma prática muito violenta pode causar pleurites, etc.

3) Nota

A parte lombar deve ser firmemente presa com a concentração de força. Com três minutos de prática em cada etapa você estará pronto para equilibrar-se sobre as mãos. O ideal seria equilibrar-se com uma mão somente. Uma vez dominado o equilíbrio sobre as mãos, pode-se curar qualquer doença crônica e também melhorar a constituição física com três minutos de prática deste exercício, todas as manhãs e todas as noites. Também evita hipoxia cerebral, apoplexia, pneumonia, infarto pulmonar, etc. e cura a calvície.

61. Método do arco dorsal, a pose do arco ventral e o rolamento do corpo

1) Efeito

Estes exercícios fortalecem os músculos do abdômen e das costas.

FIG. 52 — MÉTODO DE PONTO

2) Método

Método do arco dorsal: Primeiro deite-se de costas. Concentre a força na cabeça e nos calcanhares, levante o abdômen, como mostra a fig. 52. Como o nome indica, as pernas, coxas, o abdômen, o peito e o pescoço devem ser curvados como um arco. Conserve-se nesta posição de 30 a 60 segundos. Uma almofada colocada debaixo da cabeça diminui a dor. Estando com prisão de ventre ou tendo comido muito, a pessoa achará muito difícil esta posição.

A pose do arco ventral: Ao contrário do exercício acima, o abdômen é usado como suporte e os braços, a cabeça e as pernas devem ser esticadas. Todo o corpo (braços, cabeça, tórax, abdômen, quadris, coxas, pernas) deve ser curvado durante cerca de dois minutos.

Ambos os exercícios não devem ser forçados demasiadamente, mas devem ser gradativos. Além disso, ambos devem ser praticados em uma cama plana, porque têm grandes efeitos dinâmicos sobre várias partes do corpo. Um paciente que sofra com desgaste na coluna vertebral ficará gradativamente bom com estes exercícios acompanhados de 100 por cento da dieta de cura pelos alimentos crus. Não importa que vegetais possam ser. É necessário que mais da metade da dieta seja composta de vegetais crus.

Dores no abdômen enquanto se pratica a pose do arco ventral indicam algum problema nessa área. Essas dores devem ser tratadas com cataplasma de inhame, compressa quente-frio de 70 por cento e com o exercício do peixe dourado.

FIG. 53 — MÉTODO DO ARCO VENTRAL

Apêndice — Rolamento do corpo — Enrole-se num grande pedaço de pano grosso como um cobertor e role o corpo numa cama plana, de um lado para o outro. Vire o corpo e fique sobre um lado. Depois role o corpo noutra direção até o outro lado. A pessoa passa de um lado para o decúbito dorsal e depois para o decúbito ventral. A prática combinada desse rolamento com os dois exercícios acima acelera a correção da distorção do desvio articular, cura de hemiplegia e outras disformidades.

62. A cura pela clorofila

1) Efeito

A clorofila desativa e depois cura várias espécies de inflamações como laringite, amigdalite, rinite, dermatite, exema, hemorróidas, rouquidão, etc. Ela também é eficaz para dores de estômago devido a parasitas, soluços, assim como coceiras de acnes e erupções, sardas e manchas de pele.

2) Método

1. *Para aplicação externa*

Prepare mais de três espécies de vegetais de folhas verdes. Retire suas nervuras e soque em um almofariz de vidro. Aos poucos, acrescente óleo de oliva ou outro óleo comestível, de gergelim, por exemplo, ou vaselina, na proporção de 8 a 12 vezes a quantidade de clorofila (8 vezes para os genitais, 9 para o ânus, 10 para o corpo todo, 11 para a cabeça, 12 para o rosto). O óleo e a clorofila devem ser bem misturados e aplicados na área afetada. No verão, quando a mistura é altamente perecível, faça o suficiente para somente um dia. Aplique levemente sobre a pele antes de ir deitar-se (deve-se esperar que a pele seque antes de ir para a cama). Esta prática torna a pele clara.

Para a cavidade nasal, um pedaço de algodão desinfetado ou uma aplicação será conveniente.

No caso de endometrite ou doenças similares, um entalhe de "konnyaku" (geléia de língua do diabo) com a extremidade encurvada em V. é emergido nesta mistura e introduzido na vagina. Conservar o entalhe durante a noite é o tempo suficiente. A fim de decidir o diâmetro do bastão, meça a largura da curva da parte de cima da unha do polegar direito, que é igual à metade do diâmetro máximo da vagina. O diâmetro do bastão de "konnyaku" deve ter um terço desse diâmetro máximo, que geralmente corresponde ao diâmetro do dedo mínimo da pessoa. Quanto ao comprimento do bastão, ele deve ter cerca de duas vezes e meia o comprimento do dedo mínimo da pessoa. O bastão deve ser cavado em intervalos de cerca de 1,5 cm. Fervendo em água salgada o bastão endurece. Solução de leite de magnésia pode ser usada no lugar da mistura de clorofila com óleo.

A fim de curar úlcera ou corrosão do pênis, ele deve ser introduzido num orifício feito num pedaço de "konnyaku", no qual deve ser espalhada a mistura de clorofila.

Uma panacéia pode ser feita misturando-se folha moída de vegetal verde, composta de mais de três diferentes espécies. Acrescenta-se vaselina e se pulveriza pó de sementes de pêssego queimadas, na proporção de 8%, 90% e 2%. Uma pequena quantidade de cânfora pode ser acrescentada como aromatizante e preservativo. Para as hemorróidas, a proporção de clorofila deve ser acrescida de 9%.

Quando se toma o banho quente-frio, acrescenta-se um copo cheio de folhas moídas de vegetais verdes e mexe-se bem, na banheira de água fria (grande o suficiente para duas pessoas). Coloca-se leite de magnésia na água quente.

2. Para aplicação interna

No caso de laringite ou doença semelhante, 60 g de clorofila (folhas verdes, novas, moídas, de vegetais) são diluídos em água na quantidade de duas vezes a quantidade de clorofila. A pessoa toma depois do gargarejo. Algumas gotas de mel melhoram o gosto.

A dor de estômago causada por parasitas será aliviada em 5 ou 10 minutos tomando-se 60 g de folha moída de vegetal verde ou seus sucos misturados e a prática do exercício do peixe dourado. Quando a dor parar, qualquer vermífugo moderado deve ser tomado depois dos efeitos.

Soluços obstinados serão aliviados com o mesmo tratamento (ingestão de clorofila, exercício do peixe dourado e vermífugo).

3) Nota

A proporção mais apropriada de clorofila para aplicação externa é de 7%. Acima de 10% a mistura tende a deteriorar a condição da área afetada. É necessário abster-se de comer ou beber por algum tempo depois do gargarejo com clorofila.

A clorofila contida em vegetais comestíveis de gosto suave é boa, enquanto que a de gosto estranho ou amargo deve ser evitada. As plantas silvestres contêm muito ácido oxálico. Diferentes espécies de manchas de nascença serão completamente removidas pela sucessiva aplicação das seguintes misturas: clorofila com óleo durante uma semana; leite de magnésia e óleo de oliva ou outro óleo comestível meio a meio por uma semana.

A mistura acima deve ser aplicada e protegida por uma atadura. Enquanto todo o processo é repetido por três vezes qualquer marca de nascença terá desaparecido completamente.

64. O método de clister

1) Efeito

O clister da Medicina Nishi usa água morna de 26° ou 27°C que é preparada misturando-se água fervida com água fria não fervida. Não serve água fervida e depois resfriada, nem água esquentada até aquela temperatura.

O clister neutraliza as toxinas nos intestinos, fornece água para os tecidos através do intestino grosso e limpa o intestino. É usado quando é necessária uma pronta evacuação.

Quando uma criança de repente fica cansada e deita-se, faça-lhe um clister imediatamente. Então sua doença não ficará pior.

Esta prática é útil contra doenças febris, tanto de crianças como de adultos. Clister é a primeira conduta no caso de um ataque de apoplexia cerebral ou paralisia. Deve ser usado também em caso de suspeita de insolação e encefalite.

A administração de um clister por dia é necessária para uma cura rápida.

2) Método

Para adultos um irrigador de 500 a 1000 ml equipado com um catéter e torneirinha é o mais prático. Para crianças, uma pêra de borracha de 30 a 50 ml ou uma seringa de vidro é mais conveniente.

A pêra de borracha necessita de outro recipiente no qual a água morna é preparada.

Como foi explicado acima, a água morna é preparada acrescentando-se água fervida à água fria não fervida no irrigador ou outra vasilha qualquer, de modo que a água misturada atinja 26 ou 27º C. Se você testar com o dedo, achará um pouco fria. Se tiver leite de magnésia à disposição, acrescente-o na proporção de um por cento, isto é, 10 ml para 1000 ml de água. Do contrário, não acrescente nada.

A quantidade de água morna a injetar depende da idade e condição geral do paciente. A quantidade padrão é cerca de 30-60 ml para um bebê abaixo de um ano; 100-300 ml para uma criança de um a três anos e 500-1000 ml para um adulto. No entanto, a quantidade pode ser calculada de acordo com cada indivíduo. Se uma quantidade for introduzida em um paciente inconsciente, pode correr o risco de romper seus intestinos. Em tais casos, é preciso colocar um pouco de óleo no ânus. Se o paciente tiver uma intensa agitação nos intestinos antes de terminar o clister, pode-se interromper o clister até a natureza se acalmar. Se não se acalmar, o resto da água não deve ser introduzido.

Antes de acabar o clister, o paciente deita-se de costas e resiste à agitação dos intestinos durante 8 a 15 minutos, pressionando o ânus com um pedaço de algodão. Aplique uma pequena quantidade de vaselina, pomada ou óleo de camélia num algodão esterilizado e passe no ânus, no bico do irrigador e na ponta da bomba.

Conserve o paciente na posição. A criança poderá ficar em decúbito ventral, mas o adulto deve ficar deitado do lado direito, com sua cabeça colocada num travesseiro e suas pernas dobradas. O terapeuta se coloca atrás do paciente e gentilmente introduz a parte fina do catéter até mais ou menos 4 a 5 cm. Três centímetros são suficientes para a criança. O paciente deverá relaxar o abdômen se possível e manter a boca aberta. A introdução do líquido deverá ser gradual. Enquanto isso ele pode ir massageando o abdômen na forma de um caracol. Depois, pode ir ao sanitário, usar uma latrina ou um urinol.

Em alguns casos o clister não faz evacuar. Mas isso não importa porque a água será absorvida pelo corpo.

3) Nota

O clister é um meio prático e essencial para abrir os intestinos mas não deve ser usado em demasia.

A introdução da água deve ser bem graduada. O irrigador deve ser colocado de 50 a 100 cm mais alto que o corpo. Mais de um metro é muito alto. Para um bebê, quanto mais novo ele for mais baixo o irrigador deve ser colocado.

Tenha cuidado para não machucar o ânus ou o reto com o bico do irrigador quando estiver introduzindo-o. Antes passe bastante vaselina nele.

A água do clister não deve ser nem muito quente e nem fria. A maior quantidade de água não deve ser fervida, uma vez que a água fervida, resfriada, destilada ou esterilizada é prejudicial e não atinge completamente o propósito do clister.

Nenhum outro remédio, mas somente leite de magnésia, deve ser acrescentado à água. Se não houver em disponibilidade, não tem importância. Somente água morna e pura será o suficiente.

64. O método do vermífugo

Os parasitas predominam no Japão, sendo bem poucas as pessoas que se acham livres de sua invasão. Além disso nos faltam remédios e não conseguimos obter um bom parasiticida*N.T. Os meios fáceis de eliminar os parasitas são dados abaixo.

1. *Raspa de raiz de romã*

É geralmente vendida nas ervanarias. Por outro lado, você pode cavar e cortar um pedaço de sua raiz, lavá-la bem, descascar (raspar) e secar à sombra a casca raspada. Deixe cerca de 60 g dessa casca na água durante a noite. Jogue essa água fora e acrescente 270 ml de outra água. Se a raspa for seca, deve ficar de molho na mesma quantidade de água durante a noite e, em qualquer caso, a água com a raspa deve ser fervida lentamente até a 180 ml. Esta é a quantidade que um adulto deve tomar por dia, em jejum mas não de uma só vez, e sim em diversas pequenas quantidades.

Trinta ou 40 minutos após ter tomado essa água, a pessoa deve tomar cerca de 20 ml de leite de magnésia diluído em água ou, se não houver, cerca de 30 g de solução de folha de caqui, como substituto do laxativo. A ingestão de raspa de romã deve continuar por 3 dias. Para uma pessoa abaixo de 20 anos de idade, 30 g do parasiticida são fervidos

---

* N.T. Atualmente não existe mais esta contaminação.

em 180 ml de água até diminuir para 2/3. Para uma criança abaixo de 10 anos de idade usa-se a metade do parasiticida. É bastante eficaz contra ancilóstomo.

2. *Digenia simplex* (erva daninha)

A quantidade para um dia é feita fervendo 10 g de *digenia simplex* em 180 ml de água até virar 135 ml. Deve-se tomar continuamente durante 5 dias. A decocção pode ser preparada de uma só vez para os cinco dias porque ela não se deteriora. É eficaz contra áscaris e oxiúros vermicular.

3. *Folha de abóbora*

As folhas de abóbora são secadas na sombra por 7 a 10 dias. Elas devem ser expostas ao sol no último dia. Depois são reduzidas a pó num pilão de barro. Peneira-se e retira-se a parte grossa. Uma colher de chá é a quantidade que se deve tomar por dia durante 5, 7 ou 10 dias seguidos.

4. Geralmente um parasiticida deve ser tomado durante certo número de dias, duas vezes por mês, no começo e meio do mês. Deve-se continuar durante três meses. Depois da interrupção de três meses, a ingestão deve ser repetida por mais três meses. Isto torna a constituição física resistente à invasão de parasitas. Seria bom repetir o processo todo, depois de cerca de seis meses de interrupção. Aqueles propensos a prisão de ventre devem tomar um laxativo antes de eliminar os parasitas.

5. Eu produzi um parasiticida "Mutorunin" composto de raspa de romã, erva daninha, folha de abóbora, cobertura adstringente de amendoim, etc. Foi fabricado sob a autorização do Ministério da Saúde e Bem-Estar. Este remédio mata os parasitas e quando isto acontece em um intestino pequeno eles são digeridos e absorvidos como proteína, como se compensassem o mal que fizeram ao corpo de seu hospedeiro. Exame microscópico das fezes revela a diminuição dos ninhos de reprodução de seus ovos. Além disso, seguindo a administração desta droga na forma explicada acima as estrias transversais das unhas desaparecem gradativamente. Isto prova a falta de atividade dos parasitas.

Tomando-se cerca de dois copos de clorofila (Conf. 62 – A cura pela clorofila) e praticando-se o exercício do peixe-dourado durante 5 a 10 minutos antes de tomar um parasiticida, garante-se melhor efeito, porque os parasitas que se escondem dentro de outros órgãos e não apenas no tubo digestivo, atraídos pela clorofila, irão para o tubo digestivo. Qualquer outro parasiticida é eficaz somente contra os parasitas dentro dos órgãos digestivos. O parasiticida deve ser tomado na forma explicada acima para que os parasitas sejam atacados enquanto estiverem nos intestinos.

6. O áscaris, bastante familiar no Japão, é extremamente maléfico. A maior parte da população, especialmente bebês e crianças, sofrem a invasão de suas fortalezas. Como referência, cito aqui a observação de Imanishi e Matsunaga sobre que órgãos e em que proporção há a invasão dos áscaris:

Sinus esfenóides	1
Órgão auditivo	5
Cavidade nasal	2
Brônquios	6
Fígado	17
Vesícula biliar e canal biliar	66
Apêndice	40
Pâncreas	8
Cavidade peritoneal	22
Cavidade pleural	3
Abscesso subcutâneo	21
Hérnia	3
Órgãos urinários	5
Órgãos sexuais	1
Total	200

O áscaris pode ser a causa mais provável de sintomas como estrias nas unhas dos pés e das mãos, comichão no nariz por causa da coriza, puxão em volta do rabo do olho, febre sem origem conhecida, febre leve, dor de estômago, incontinência urinária, convulsão das crianças, hipoplesia, magreza e outros sintomas não identificados.

65. Método de emplastro de inhame

1) Efeito

O emplastro de inhame é extremamente eficaz contra queimaduras, ombros rígidos, miosites, sarcomas, câncer de pele, câncer mamário, luxação, otite média, apendicite, etc.

2) Método
a. *Materiais e proporção*

Inhame	10
Farinha de trigo	10
Sal	02
Gengibre ralado	02

b. *Preparação*

Inhame com a casca coberta de pêlos é assado levemente num fogo de carvão só para que seus pêlos fiquem um pouco queimados. Depois descasca-se e passa-se num ralo. Acrescenta-se farinha de trigo, sal e gengibre ralado na proporção dada acima. Depois amassa-se bem o conjunto. Este emplastro é depois espalhado num pedaço de linho, flanela ou papel, numa espessura de 3 mm e colocado na área afetada.

Se a área estiver febril, o emplastro é trocado a cada três ou quatro horas. Se não houver febre, pode ser conservado durante mais ou menos meio dia. O exercício capilar aplicado na parte com o emplastro reforça seu efeito.

3) Nota

Se o emplastro irritar ou der coceira na pele é porque o inhame não foi assado o suficiente ou a pele é sensível. Neste caso pode-se grelhar mais o inhame ou interromper a aplicação por uns instantes e aplicar leite de magnésia na pele irritada. Se o inhame for grelhado demais, o emplastro não serve. Untando-se a pele onde o emplastro vai ser aplicado, alivia-se a irritação mas o emplastro deve ser fixo com uma ligadura.

Toda a superfície da pele em contato com o emplastro pode inchar, mas a aplicação não deve ser interrompida porque o inchaço é o sinal inicial de cura.

O emplastro aplicado sobre um entumescimento canceroso ou outros tumores faz a massa granular branca vir à tona e finalmente se romper.

Se as queimaduras forem abertas pelo emplastro, elas devem ser pressionadas com força até o sangue fluir e a carnição sair toda. Aí o emplastro é aplicado novamente.

Emplastro seco grudado na pele pode ser facilmente removido com decocção de gengibre picado.

Problemas da garganta provêm dos problemas do joelho. Qualquer problema da garganta é relacionado com os da junta do joelho do mesmo lado, o qual também dói quando pressionado na parte mais alta dos lados da junta.

Para a cura, o emplastro de inhame deve ser aplicado sobre a junta do joelho e na área em volta dele, tão grande como um lenço. Mas o emplastro não deve cobrir a área poplítea.

O emplastro aplicado sobre ambas as juntas do joelho de um rapaz entre 14 e 15 anos e de uma moça cuja menstruação esteja começando estimula seu crescimento e previne a tuberculose que, de certo modo, os jovens na idade dos 20 anos têm predisposição para contrair. Com esse propósito a aplicação deve ser feita, noite sim, noite não, enquanto se dorme, totalizando 7 noites.

O emplastro de inhame chamado "Ryuhapper" não se estraga, mesmo quando seco.

66. As principais causas da doença: a transpiração e os métodos de alimentação

1. Introdução

No verão todos transpiram. E a vida humana está firmemente relacionada com a transpiração. Mesmo quando está dormindo, a pessoa expele facilmente 300 a 400 ml de suor. Se não se cuidar adequadamente, toda essa transpiração pode causar várias perturbações tais como: beribéri, perda de peso, dispepsia, pernas pesadas, desânimo, predisposição ao resfriado no outono.

2. Composição do suor

Penso que qualquer pessoa sabe que o suor contém água e sal mas na realidade o suor contêm vitamina C. No sol de verão nós expelimos de um a quatro litros de suor e isto nos faz perder estas três substâncias.

Em 100 ml de suor 0,3 a 0,7 mg (0,5 na média) de sal e 10 mg de vitamina C são gastos. Isto significa que um litro de suor contém 5 g de sal e 100 mg de vitamina C.

3. Reposição das substâncias perdidas no suor

A falta de sal causa a diminuição de suco gástrico, flebite e distúrbios mecânicos no pé. Isto indica sintomas de beribéri e nos torna suscetíveis a resfriados. A falta de vitamina C causa escorbuto e piorréia alveolar. Sua falta também enfraquece as células e tecidos, o que vai provocando hemorragia subcutânea. Isto por sua vez torna o corpo sujeito a várias doenças contagiosas, como pneumonia, pleurisia, etc.

Enquanto estamos com saúde, uréia e amônia são produzidas em nosso corpo. No entanto se perdemos água pelo suor, vômito ou diarréias, a guanidina é produzida como mostra a equação química a seguir.

$$[CO(NH_2)_2 + NH_3] - H_2O \longrightarrow C \begin{subarray}{l} NH_2 \\ NH \\ NH_2 \end{subarray}$$

uréia + amônia - água fervida - guanidina.

Esta guanidina que causa uremia será decomposta pela ingestão de água em uréia e amônia.

$$C \begin{subarray}{l} NH_2 \\ NH \\ NH_2 \end{subarray} + H_2O \longrightarrow [CO(NH_2)_2 + NH_3]$$

Guanidina + água = uréia + amônia. Água, sal e vitamina C perdidos pelo suor precisam ser repostos, no máximo dentro de 20 horas, se não vários distúrbios podem acontecer em nosso corpo. A água não deve ser tomada de uma só vez mas sim em pequenos goles demorados. Quanto ao sal, podemos fazer uma mistura de sal bem seco com semente de gergelim moída, na proporção de 6: 4 e borrifar sobre os vegetais ou frutas. Não se deve esquecer de fazer uma dieta de todo um dia sem sal, a cada duas ou três semanas.

Quanto à vitamina C, aqueles que têm meia lua na unha do polegar podem tomar "bam-chá", mas a melhor fonte de vitamina C é a decocção de folha de caqui. A ingestão de vitamina C sintética não é de grande proveito. Mesmo sob bom tempo, no começo da primavera, pega-se resfriado, sofre-se de pneumonia ou de doença oftálmica, somente por causa da recuperação inadequada depois da transpiração durante o inverno.

4. Relação entre o banho e a transpiração

A Faculdade de Medicina da Universidade de Kyushu investigou a relação entre o banho e a transpiração e fez uma tabela.

Essa tabela revela como o banho quente ordinário causa transpiração que não é somente sem importância, mas pode fazer mal se for repetido muitas vezes, pois a capacidade de manter o corpo na temperatura natural não pode resistir. A sucessão de banhos da Medicina Nishi não causa transpiração.

Temperatura do banho (Graus Centrígrados)		43°	42°	41°	40°	Banhos em série: Quente 42º C Frio 15º C
Duração (minutos)		10	10	10	10	7 banhos quente-frio de um minuto cada
Quantidade de suor excretado em diferentes tempos após o banho (g)	Logo após o banho	400	160	95	90	0
	30 min.	110	95	85	80	0
	60 min.	40	40	40	30	0
	90 min.	30	20	20	20	0
	120 min.	20	20	19	17	0
	150 min.	0	0	0	0	0
TOTAL		600	335	259	237	

O estudo acima mostra claramente que a intensidade da transpiração está firmemente relacionada com a temperatura do banho. Sendo assim, devemos nos satisfazer com banho quente o mínimo possível. As pessoas idosas que gostam de banho muito quente muitas vezes usam um par de dentaduras porque transpiram tanto que ficaram com falta de vitamina C e seus dentes caíram. Somente uma apropriada restituição dos componentes do suor lhes teria permitido conservar os próprios dentes.

O banho quente-frio de que sou partidário (conf. 8) é tomado de modo que não se transpire e isto é provado por este estudo.

Aqui está alguma informação sobre a transpiração de acordo com várias atividades.

Grau e causa da transpiração	Quantidade de suor (g)	Perda de sal (g)	Perda de Vitamina C (g)
Transpiração leve	400	2	40
Consideravelmente intensa	1.000	5,0	100
Trabalho duro por hora	1.400	7,0	140
Futebol (2 horas)	1.000-2.000	5-10	100-200
Duas horas de corrida a 17,7 Km/h	2.100	10,5	210
Remo (22 minutos)	2.500	12,5	250
Futebol (70 min.)	6.400	32	640
Corrida (3 h)	3.900	19,5	390
Trabalho normal no verão (a 27-29° C)	3.000-3.200	15,0-16,0	300-320
Alpinismo (3.000 m de altura)	5.000-7.000	25,0-35,0	500-700
Mineração (1 dia)	10.000	50,0	1.000
Dormindo	300-400	1,5-2,0	30-40
Transpiração leve no verão	3.000-4.000	15,0-20,0	300-400

Aqueles que têm boca pequena são propensos a transpirar facilmente de modo que devem tomar cuidado especial para suprir o sal e vitamina C. Aqueles que têm preferência por alimentos doces devem restituir cuidadosamente o sal porque têm tendência a sofrer de sua falta.

A prática do jejum matinal e ingestão de vegetais crus nas refeições diminuem a temperatura do corpo evitando a transpiração.

67. Receita de sementes secas de gergelim com sal e seus efeitos

Sementes secas de gergelim misturadas com sal são necessárias o ano inteiro com propósitos de higiene terapêutica, mas no verão, quando a transpiração é abundante, sal seco e semente de gergelim devem ser misturadas na proporção de 6:4 e socados num pilão. A mistura é jogada sobre o arroz e vegetais crus. Seria bom abster-se de beber líquido, durante cerca de quarenta minutos.

Há diversas qualidades de sementes de gergelim: pretas são boas para os rins, brancas para os pulmões, vermelhas para o coração e cinzentas para os órgãos digestivos.

A perda de peso no verão, beri-béri, gastro-atonia, dores gástricas, pernas pesadas, etc. podem ser evitadas pela reposição do sal, depois da transpiração, porque estes transtornos são causados pela falta de sal. Excesso de sal causa distúrbios nos rins e nos pulmões. Portanto, uma dieta de um dia sem sal deve ser feita a cada duas ou três semanas. Além disso a vitamina C deve ser também restituída pela decocção de folha de caqui.

68. Máximas diárias para a saúde

1. Beber trinta gramas de água fresca, não fervida, a cada trinta minutos.

2. Praticar o exercício de peixe-dourado.

3. Saudáveis são aqueles que, simultaneamente, movem suas costas e abdômen, bebem água e acreditam que estão cada vez melhor.

4. Descobrir o abdômen enquanto se dorme à noite.

5. Dormir em cama bem plana e travesseiro sólido.

6. Fazer o exercício capilar e depois aplicar o exercício de baixar os pés e em seguida fazer o exercício capilar novamente.

7. Restituir a vitamina C, bebendo diariamente 20 a 30 g de chá de folha de caqui, aumentando a quantidade depois da transpiração.

8. Ingerir gersal (mistura de semente de gergelim torrado e sal). Seis gramas para adultos, três gramas para crianças (aumentar depois da transpiração e observar a dieta livre de sal por um dia a cada duas ou três semanas).

9. Ingerir alga marinha comestível, cerca de 10 g ao dia.

10. Ingerir farelo de arroz, que pode ser levemente tostado, 6 g para adulto e 3 g para criança.

11. Tomar vermífugo "Mutorunin" (4 ou 5 tabletes para adulto e doses reduzidas para crianças, de acordo com a idade) ou outro bom vermífugo que seja livre de efeitos colaterais. Deve-se tomá-lo durante três ou quatro dias no começo e no meio do mês. Isto deve ser feito durante três meses. Depois da interrupção por três meses, o vermífugo deve ser administrado por outros três meses.

12. Ingerir de 70 a 110 g de vegetais crus compostos de mais de três diferentes espécies. Pessoas doentes devem ingerir, sempre, mais que cinco espécies.

13. Estabelecer o costume de duas refeições diárias (almoço e jantar).

14. Tomar o banho quente-frio.

15. Ajustar, ocasionalmente, o excesso de alimentação e a falta com sopa rala de arroz, a dieta de geléia de algas marinhas ou o tratamento pelo jejum.

16. Lavar o ânus depois de cada evacuação, lavar as mãos e os pés ao voltar do trabalho para casa.

O seguimento dos itens acima assegura uma vida saudável, uma família alegre que não necessita de médico e será altamente eficiente no trabalho. Portanto você estará capaz para vencer a inflação e contribuir para a reconstituição do país.

69. Relação entre os dedos e os órgãos internos

O polegar indica reserva alcalina no corpo, de modo que é relacionado com o instinto da vida, representa vontade de julgamento.

O indicador governa os órgãos digestivos, tais como o fígado, estômago, intestino, pâncreas, etc. e representa a habilidade de liderar com capacidade.

O dedo médio governa o coração, os rins, os vasos sangüíneos e representa um caráter introspectivo.

O dedo anular governa o sistema nervoso e representa a faculdade artística.

O dedo mínimo governa os órgãos sexuais e os pulmões. Ele representa a habilidade prática.

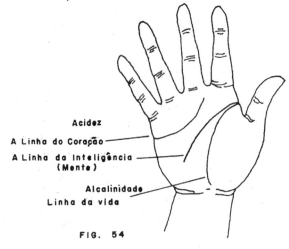

FIG. 54

Se o dedo anular, o indicador ou o dedo médio contraírem panarício, para sua cura será suficiente levantar a mão e vibrá-la. Embora a vibração cause dor, você deve suportá-la e vibrar a mão um tanto vigorosamente, caso contrário o panarício não será curado.

No caso do polegar e dedo mínimo, a recuperação será demorada, a não ser que a mão seja vibrada com dois palitos de arroz presos nos dois lados do pulso, de modo que não se mova nem para frente nem para trás.

O grau de dificuldade para curar panarício está na proporção de 1:2:3:10 para o dedo anular:indicador:médio:polegar e dedo mínimo respectivamente.

70. O tratamento pela cor (aplicação dos raios do Sol)

A maior parte da energia da vida é dada pelos raios do Sol, que são compostos de raios ultra-violeta (causadores de reações químicas); faixa infra-vermelho, que aciona principalmente as reações térmicas; a faixa visível que está no meio e que pode ser captada através de um prisma. Todo o organismo adquire energia para a ação através da radiação direta e indireta desses raios e também através de ingestão de substâncias como alimento que tenha absorvido e estocado a energia do Sol. Portanto, na utilização desses importantes raios de Sol os seguintes princípios devem ser respeitados:

1. A figura 55 mostra a alteração do espectro solar que, conforme o horário do dia, apresenta seu trabalho mais intenso. Cortinas, abajures, roupas, alimentos, etc., devem ter cor idêntica ou similar à cor da faixa especial da hora em que são essencialmente utilizados.

2. Tome nota da seqüência do espectro solar em concordância com as estações (conf. tabela 30).

3. A fig. 56 mostra a relação entre o mês de nascimento e os pontos fracos do corpo. Estude seu próprio caso e tome medidas contra ele, que devem incluir a aplicação de raios solares e as cores.

4. Como regra geral, a cor da pele de cada indivíduo é idêntica à cor de que ele precisa. Aplique o esquema da cor de sua pele ao ambiente em que você mora, escolha de alimento, etc.

5. Em princípio, branco e preto são aplicados em qualquer hora do dia, para qualquer indivíduo, porque o primeiro reflete todo o espectro e o último o observa.

6. Violeta acalma e o vermelho excita.

7. A faixa ultravioleta é desinfetante e é por isso que se deve levantar cedo.

8. A fig. 56 indica as cores que servem para as diferentes partes do corpo. Por exemplo, o chapéu e meias curtas devem ser azuis e a faixa lombar deve ser vermelha.

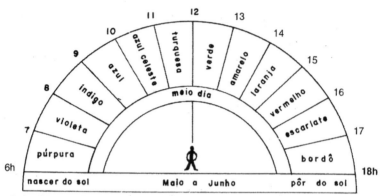

FIG. 55 - Mudança da Coloração Espectral de Acordo com Hora do Dia Para Maio e Junho. Para Outras Estações Conferir a Tabela 30.

Dezembro, Janeiro e Fevereiro		Março e Abril	
hora	luz espectroscópica	hora	luz espectroscópica
das 7 às 8	ultravioleta, púrpura	das 6 às 7	ultravioleta, púrpura
das 8 às 9	violeta	das 7 às 8	violeta
das 9 às 10	azul anil	das 8 às 9	azul anil
das 10 às 11	azul	das 9 às 10	azul
das 11 às 12	azul celeste	das 10 às 11	azul celeste
das 12 às 13	turquesa	das 11 às 12	turquesa
das 13 às 14	verde	das 12 às 13	verde
das 14 às 15	amarelo	das 13 às 14	amarelo
das 15 às 16	alaranjado	das 14 às 16	alaranjado
às 16	vermelho garança, ultravermelho	às 16	vermelho garança, ultravermelho

Tabela 30. Seqüência do espectro solar de acordo com as estações na zona temperada.

Julho, Agosto		Setembro, Outubro, Novembro	
hora	luz espectroscópica	hora	luz espectroscópica
das 4 às 5	ultravioleta, púrpura	das 5 às 6	ultravioleta, púrpura
das 5 às 6	violeta	das 6 às 7	violeta
das 6 às 8	azul anil	das 7 às 8	azul anil
das 8 às 9	azul	das 8 às 9	azul
das 9 às 10	azul celeste	das 9 às 10	azul celeste
das 10 às 11	turquesa	das 10 às 11	turquesa
das 11 às 12	verde	das 11 às 12	verde
das 12 às 14	verde	das 12 às 13	verde
das 14 às 16		das 13 às 14	amarelo
às 16		às 14	alaranjado
	vermelho garança, ultravermelho		vermelho garança, ultravermelho

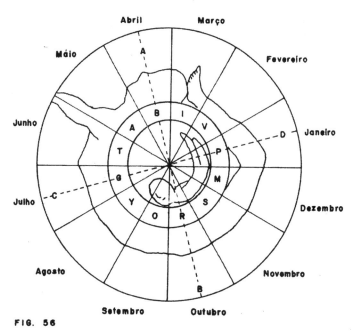

FIG. 56

Posição Astronômica do Corpo Humano Segundo a Coloração Espectral dos Raios Solares.

Notas

O ponto mais fraco de uma pessoa que está situada na secção oposta à secção correspondente de seu mês de nascimento e o segundo ponto mais fraco são secções retangulares das secções acima.

Por exemplo, a pessoa nascida em 15 de abril tem seu ponto mais fraco na linha AB e o segundo ponto mais fraco na linha CD.

A figura no círculo central mostra a posição astronômica do feto.

antes do meio-dia	depois do meio-dia
púrpura	verde
violeta	amarelo
índigo	laranja
azul	vermelho
azul celeste	escarlate
azul turquesa	infra vermelho

Siglas para ajudar a memória

PVIACT   VALVEI

Tabela 29 – Espectro solar antes e depois do meio-dia.

71. O Método de reconhecimento da posição da vértebra

"C" indica vértebra cervical; "T" indica vértebra toráxica e "L", a vértebra lombar.

C21: Se você traça uma linha horizontal entre as bordas inferiores de ambos os ossos mastóides a linha passará entre C1 e C2, C6, 7: embora o processo espinhal da C6 seja bifurcado como a letra V, a linha C7 é uma simples projeção por ser a mais proeminente entre todas as vértebras cervicais.

T3: A linha conectando as bordas internas de ambos os escapulares passará sobre T3.

T5: Quando você vira seu braço para trás e para cima, o ponto alcançado pela ponta de seu polegar é o T5, localizado cerca de 5 polegadas abaixo de C7 (num adulto).

T7: A linha que liga as bordas inferiores dos escapulares direito e esquerdo passa no segmento espinhal de T7.
T9: T9 é situado bem detrás do epigástrio.
T11: Se a pessoa está numa postura correta, uma linha diagonal que liga o acrômio do escapular (apófise terminal da crista do omoplata) à espinha ilíaca ventral cruza sobre a T11 na coluna espinhal.
L2: Uma pessoa saudável sentada numa posição correta tem a L2 sobre a linha horizontal ligando as bordas inferiores do hipocôndrio (partes laterais do abdômen debaixo das costelas).
L3: L3 está bem atrás do umbigo.
L4: A linha que liga os cumes de ambos os ílios passa sobre L4 (fig. 57).

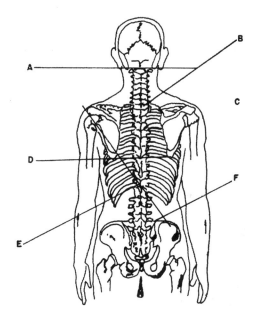

FIG. 57

DIAGRAMA PARA RECONHECIMENTO DA POSIÇÃO DAS VÉRTEBRAS

A. A linha que liga as bordas inferiores de ambos os mastóides processa sobre C1.

B. O osso mais proeminente entre as vértebras cervicais é o C7.

C. A linha que liga as bordas inferiores de ambos os omoplatas passa sobre T3.

D. A linha que liga as bordas baixas de ambos os omoplatas passa sobre T7.

E. A linha diagonal desenhada desde o acrômio (lado superior do esterno) dos omoplatas até a espinha ilíaca ventral, no lado oposto, passa sobre T11.

F. A linha que liga o cume de ambos os íleos horizontalmente passa sobre L4.

72. Doenças contra as quais é eficaz dar leves pancadas na sétima vértebra cervical

Nota: C indica a cervical, T a toráxica e L a vértebra lombar.

Quando uma pessoa pende a cabeça para frente, a vértebra nos limites entre o pescoço e o ombro torna-se bastante proeminente.

É a sétima vértebra cervical.

A tabela 31 lista as doenças curáveis, através de leves pancadas na C7 e seus efeitos.

1. Cabeça fria.
2. Hemicrânio – Enxaqueca.
3. Isquemia cerebral. Pressione C1, bata em C7 e em seguida bata em T8. O exercício capilar dos braços é especialmente importante.
4. Hiperemia do ouvido.
5. Zumbido no ouvido.
6. Surdez e dificuldade para ouvir.
7. Supersensibilidade no ouvido: Batendo em T3 e T4 abranda um pouco a dor de ouvido.
8. Distúrbio ao ouvir. Batendo em C7 com a freqüência de 150 por

minuto, durante 3 minutos, duas a três vezes por dia, melhora-se a audição.

9. Diminuição da vista.
10. Hiperemia dos olhos.
11. Espasmos e ação reflexa dos músculos das pálpebras.
12. Coriza nasal.
13. Epistaxis.
14. Epostasis. Cuidado especial é necessário ao bater logo, antes e durante a menstruação.
15. Hiperemia nasal.
16. Inflamação da mucosa nasal (membrana mucosa).
17. Espasmo da corda vocálica (afonia).
18. Vômito de sangue e hemorragia pulmonar e/ou traquéia.
19. Faringite.
20. Tosse. Bata a uma velocidade de 150 a 200 vezes por minuto durante um a três minutos.
21. Tosse comprida. Bater a uma velocidade de 160 vezes por minuto.
22. Hiperfunção da glândula tireóide (fadiga).
23. Doença de *Basedow* (insanidade).
24. Dor nos músculos polares do coração.
25. Paralisia do braço.
26. Supersensibilidade dos membros ao frio.
27. Asfixia (sufocação).
28. Paralisia cardíaca.
29. Angina peitoral. Bater a uma velocidade de 180 vezes por minuto durante 6/7 minutos e depois praticar o exercício capilar.
30. Dispnéia devida a dificuldades cardíacas.
31. Contração do coração.
32. Dilatação dos pulmões.
33. Inatividade do coração (efeitos cardiotônicos).
34. Asma cardíaca.
35. Miocardite.
36. Dilatação do coração.
37. Insuficiência da válvula do coração.
38. Taquicardia: Bater na velocidade de 180 vezes por minuto de 1 a 3 minutos e depois fazer pressão em T1-3 com a palma da mão.

39. Hipertensão devida à debilidade do coração.

40. Reforçar a função dos pulmões.

41. Hiperemia dos pulmões. Bater a uma velocidade de 150 vezes por minuto de 5 a 6 minutos, 4 ou 5 vezes ao dia.

42. Resfriado comum.

43. Tratamento antipirético em geral, alívio da febre.

44. Congestão. Faça o exercício capilar e bata em C7.

45. Hiperemia das vísceras (congestão dos órgãos internos).

46. Arteriosclerose.

47. Diminuir os eritrócitos.

48. Intoxicação digestiva.

49. Contração do estômago (na dilatação gástrica). L 1-3 são pressionadas, mas não na menstruação.

50. Gastroptose. C7-T6,7 e L2 são batidas simultaneamente.

51. Melhorar a função do estômago.

52. Diminuição da capacidade do pulmão. Para aumentar, bater em T3,4.

53. Diminuir a pulsação.

54. Paralisia do nervo vasomotor.

55. Aneurisma aórtico. Bater na velocidade de 150 vezes por minuto de 10 a 15 minutos.

56. Contração da aorta (De fato a aorta repele os estímulos de contração e se dilata).

57. Melhorar a função da aorta.

58. Distúrbios dos nervos vasodilatadores.

59. Melhorar a função do nervo vago.

60. Prevenção de hemorragia interna.

61. Diminuir a pressão sangüínea. Bater em C7 e depois em T2-4.

62. Amenorréia.

63. Metrorragia.

64. Diabetes.

65. Afogamento. Coloque o paciente sobre uma mesa ou num lugar alto, deixando seus braços e pernas dependurados; dê pancadinhas em C7 e ele vomitará a água.

66. Insolação.

Para o método de leves pancadas, conserve o paciente sentado numa postura correta. O terapeuta coloca-se ao lado esquerdo ou atrás do paciente, faz pressão sobre T10 com o joelho, coloca a palma da mão na boca do estômago, bate em C7 com a mão direita do lado do dedo mínimo, bem delicadamente conforme o paciente vai se sentindo melhor. Bater em C7 geralmente numa média de 150 a 200 vezes por minuto. No caso de aneurisma da aorta, a batida deve continuar de 10 a 15 minutos numa média de 150 por minuto.

Nota: Não esquecer de fazer pressão sobre T10 enquanto estiver batendo.

73. Diagnóstico da coluna do Dr. A. Lebrun

A coluna vertebral é composta de 7 vértebras cervicais, que são abreviadas por C., 12 vértebras toráxicas que são abreviadas por T., 5 vértebras lombares, que são abreviadas por L., sacro (união de 5 ossos) que é abreviado por S., e cóccix (união de 4 pares), totalizando 33 vértebras.

Por exemplo, C1-4 significa 1ª, 2ª, 3ª e 4ª vértebras cervicais.

As vértebras dorsais e cervicais são numerosas; então a seguinte classificação é às vezes usada:

parte superior C1,2,3.
Vértebras cervicais { parte intermediária C4,5.
parte inferior C6,7.

a parte superior T1, 2, 3, 4.
Vértebras dorsais { a parte intermediária T5, 6, 7, 8.
a parte inferior T9, 10, 11, 12.

A lista seguinte mostra a relação entre os órgãos afetados e as vértebras sub-luxadas. No entanto deve-se ter em mente que a parte a ser tratada em terapia nem sempre coincide com a parte indicada na lista.

Órgãos afetados	Números de vértebras luxadas
cabeça	C1- 4; T6, 10
face e pescoço	C1-4; parte superior de T e T10
cérebro	C1-4; parte superior e inferior de T
olhos	C1-4; T5, 10; L1 ou 2
nariz	C1-4; T4, 5, 10
ouvidos	C1-4; parte superior de T
garganta	parte sup. e inf. de C; par. inf. de T
amígdalas	parte superior e inf. de C; T5
laringe e língua	C1-4; T5
dentes e boca	C3 ou 4; T5
glândula tireóide	C6; T5-6
glândula paratireóide	C6; T5
glândula mamária	C6 ou 7; T2-6
coração	C1-4; T2
pulmões	C1-4; T3
brônquios	T1 ou 2
diafragma	C3-5; parte medial de T
peritôneo	T11 ou 12; L1 ou 2
fígado	T4, 8 (principalmente 4)
pâncreas	T8,9
baço	T6 ou 9
estômago	T1-4; C; T5-7; T11
intestino delgado	T11 ou 12
intestino grosso	L1 ou 2
apêndice	lado direito de L2
reto	L4 ou 5
rins	T10
supra-renais	T9
bexiga	L1 e 4
útero	L4
próstata	L1 e 4
ovário	L3
testículo	L3
vagina	L4
pênis	L2 e 4

74. Zona da cabeça

A zona da cabeça significa o aparecimento da zona supersensitiva da pele e corresponde à localização da doença no órgão interno. Por exemplo, a disfunção do fígado induz o máximo reflexo na zona de T4 e o distúrbio dos rins na zona de T10.

FIG. 58 - ÁREA DA CABEÇA. Plano Anterior

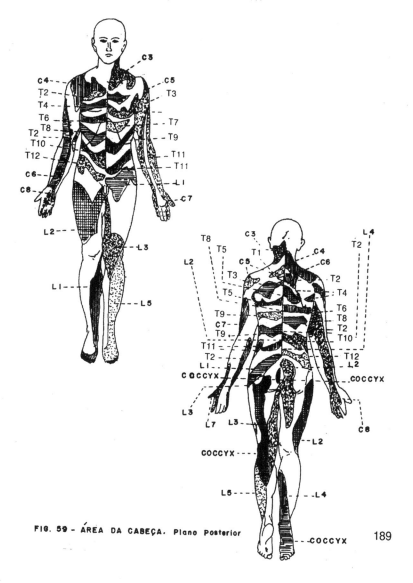

FIG. 59 - ÁREA DA CABEÇA. Plano Posterior

75. Combinações incompatíveis com o estímulo dos gânglios, tais como: compressão digital, pancadas leves, pressão com a palma da mão, acupuntura, moxabustão, etc.

Tabela 33 – Relações incompatíveis com os gânglios da coluna.

Coração:
a) Dilatar, estimular ou ajustar T8,9,10,11,12.
b) Contrair, estimular ou ajustar C7.
c) Reprimir as funções do coração, estimular ou ajustar T1,2 ou 4.
d) Melhorar as funções do coração, estimular ou ajustar C3,4.
e) Aumentar as funções do nervo vago, estimular ou ajustar C7.
f) Diminuir as funções do nervo vago, estimular ou ajustar T3,4.

Incompatibilidade das combinações T9,10,11,12 até C7
T1,2 ou 4 até C3,4
T3,4 até C7

Aplicação clínica:
a) Dilatação – T8 ou T9-12 e C3,4.
Estenose das válvulas do coração
b) Contração - C7
aneurisma aórtico
angina pectoris
dilatação do coração
insuficiência da válvula do coração
miocardite
pericardite

Nota: Se você estimula somente C7 e não T10 com pancadas leves ou com pressão digital, acupuntura de moxabustão, todos os vasos sangüíneos se contraem de modo a causar pielite. Portanto, T10 precisa ser pressionada, enquanto C7 deve receber pancadas leves ou pressão dos dedos.

Uma pessoa cujo peso do corpo excede o padrão deve estimular T8-12 para dilatar seu coração.

c) Controlar - T1, 2 ou 4
   pericardite
   hipertonia
   endocardite
d) Estimulação - C3,4
   bradicardia
e) tratamento da função excessiva do nervo vago C7
   asma cardíaca
   palpitação
   arritmia
   dispnéia
   tosse
   angina pectoris
   fraqueza cardíaca
   gordura no coração

Nota: Se um terapeuta bate, ajusta ou estimula C7, ele precisa sempre pressionar T10 com seu joelho.

Se o paciente trata de si mesmo, deve sentar-se no estilo japonês, abrir seu joelho cerca de 40°, sentar-se sobre seu calcanhar direito e estender sua perna esquerda para trás de modo que o músculo esquerdo do reto femural possa ser esticado. A metade superior do corpo fica pendida um pouco para trás e sua cabeça pende repetidas vezes para trás e fica reta novamente durante 2 a 5 minutos. Este é o 5º dos 11 exercícios preparativos.

f) Tratamento para a função enfraquecida do vago – T3, 4
   câibra cardíaca
   coração do fumante

Nota: Durante esses tratamentos dos gânglios o paciente deve praticar a respiração profunda ou a respiração abdominal.

Pulmões:

a) Dilatar, estimular ou ajustar – C7; T3,4,5,6,7,8.

b) Contrair, estimular ou ajustar – C4,5; T1,2.

c) Diminuir a quantidade de sangue do pulmão, estimular ou ajustar – T10.

Incompatibilidade de combinações:

C7 T3,4,5,6,7,8 e C4,5 T1,2

T10 e C7

Aplicação clínica:

a) Dilatação – C7 e T3-8
   tuberculose
   pneumonia
   pleurite
   atelectasia
b) Contração – C4,5 T1,2
   asma brônquica
   enfizema
   febre do feno
c) Diminuição do sangue nos pulmões – C7
   tuberculose
d) Aumento do sangue nos pulmões – T10
   congestão pulmonar
   bronquite
   hemorragia brônquica

Nota: Enquanto o princípio do travesseiro sólido objetiva o ajuste de C4,5 e faz os pulmões se contraírem, a cama plana ajusta T3,8 e os dilata. Portanto, o paciente que precisa ficar na cama deve usar ambos, a cama e o travesseiro.

Baço:

a) Dilatar, estimular – T11
b) Contrair, estimular – L1,2,3.
   Incompatibilidade de combinações.
   T11 e L1,2,3.

Aplicação clínica:

a) Dilatação – T11
   Doenças infecciosas em geral.
b) Contração – L1,2,3
   anemia
   esplenite
   leucemia
   dilatação do baço
   malária
   leucopenia

Estômago:
a) Dilatar, estimular ou ajustar – T11.
b) Contrair, estimular ou ajustar – L1,2,3.
c) Aumentar a função vagal, estimular ou ajustar – C1,2,3,4 ou 7.
d) Aumentar a secreção do suco gástrico para aumentar a função do sistema nervoso simpático, estimular ou ajustar – T5,6,7.
e) Diminuir a secreção do suco gástrico, estimular ou ajustar – T5,11.
Incompatibilidade de combinações
T11 e L1,2,3.

Aplicação clínica:
a) Dilatação – T11
estenose pilórica (T5 dilata o piloro)
espasmo do piloro
cardioespasmo
b) Contração – L1,2,3.
hematêmese
gastrectasia
gastroptose
úlcera gástrica
gastrite aguda
atonia gástrica
doença gástrica e insuficiência cardíaca
insuficiência do piloro
c) Melhoramento da função vagal – C1,4 ou 7
hipercinesia gástrica
distúrbio peristáltico do estômago
arroto nervoso
vômito nervoso
mastigação
pirose
atonia gástrica
gastralgia
d) Aumento do suco gástrico (melhoramento das funções do sistema nervoso simpático) – T5,6,7.
gastrite crônica
bulemia
acoria
anorexia nervosa

e) Tratamento da excessiva secreção do suco gástrico – T5, 11.
hipercloridria (hiperacidez)
hipersecreção nervosa
hiposecreção nervosa
aquilia gástrica (hipoacidez)

Pâncreas:
a) Contrair, estimular ou ajustar – T4,5,6 ou 8.
Aplicação clínica – T4,5,6 ou 8.
pancreatite
diabetes

Intestino:
a) Dilatar, estimular ou ajustar – T11.
b) Contrair, estimular ou ajustar – L1,2,3.

Incompatibilidade de combinações:
T11 e L1,2,3.
a) Dilatação – D11
prisão de ventre espasmódica
diarréia nervosa
distúrbio peristáltico do intestino
enteralgia (cãibra, cólica, dor abdominal forte)
obstrução intestinal.
b) Contração – L1,2,3
prisão de ventre atônica
enterite
apendicite (trate o lado direto de L2)
colite
enteroptose
hemorragia intestinal
mal-estar do verão (das crianças)

Rins:
a) Dilatar, estimular ou ajustar – T4,5,6,7,8,9,10.
b) Contrair, estimular ou ajustar – T12.
Incompatibilidade de combinações
T6,10 e T12
Rins contraídos pioram pela estimulação de T12

Aplicação clínica:
a) Dilatação – T4,10, especialmente T6,10
   nefrolitíase
   rins contraídos
   nefrite crônica
   uremia
   hidronefrose
   pionefrose
   rins serosos
b) Contração – T12
   anemia renal
   congestão renal
   nefrite aguda¯
   glomerulonefrite crônica
   nefroptose (queda dos rins)

Fígado:
a) Dilatar, estimular ou ajustar – T11.
b) Contrair, estimular ou ajustar – T4,8.
c) Secretar, estimular ou ajustar – T4,8.
d) Estimular o pneumovago, ajustar – T3,4,5.
   Incompatibilidade:
   T11 e L1,2,3

Aplicação clínica:
a) Dilatação – T11 e T4,8
   gordura no fígado seroso
   atrofia amarela aguda do fígado
b) Contração – L1,2,3 e T4,8
   congestão do fígado
   hepatite
   icterícia
   hipofunção do fígado
   fígado cístico
   abcesso do fígado
   cirrose hipertrófica
   coledococistite

Vesícula biliar:
a) Dilatar, ajustar – T9
b) Contrair, ajustar – T4,5,6.
Incompatibilidade de combinações
T4,5,6 e T9.
a) Dilatação – T4,5,6
colecistite

Bexiga:
a) Não precisa de dilatação
b) Contrair, ajustar – T11 e L4.

Aplicação clínica:
cistite
enurese
incontinência

Útero:
a) Dilatar, ajustar – T10
b) Contrair, ajustar – L1,2,3.
Incompatibilidade de combinações:
T10 e L1,2,3
a) Dilatação – T10
amenorréia
leucorréia
b) Contração – L1,2,3
endometrite
perimetrite
metrite
dismenorréia
menorragia
subinvolução uterina
retroversão uterina
prolapso uterino
hemorragia uterina
pólipo uterino
tumor uterino

Próstata:
a) Não precisa de dilatação
b) Contrair, ajustar – T12 e L1,2,3,4.

Aplicação clínica:
hipertrofia da próstata
câncer prostático
tumor prostático

Aorta:
a) Dilatar ou ajustar – T9,10,11,12.
b) Contrair, ajustar – C7
Incompatibilidade de combinações
C7 e T9,10,11,12

Aplicação clínica:
a) Dilatação – T9,10,11,12
paralisia infantil
paralisia dos membros inferiores
b) Contração – C7
aneurisma aórtico

Pressão do sangue:
a) aumentar a pressão sangüínea, ajustar – T2,3,4.
b) reduzir pressão sangüínea, ajustar – T6,7.
Incompatibilidade de combinações:
T2,3,4 e T6,7

Aplicação clínica:
a) Reduzir a pressão sangüínea – T2,3,4
b) Trombose – T6,7
A descrição acima demonstra-se aplicável ao osso ou ossos da coluna vertebral a serem tratados.

As instruções acima para as combinaçõs do estímulo dos gânglios (pancadas leves, pressão com os dedos, acupuntura, moxabustão, etc.) são todas exclusivamente para as doenças referidas, ignorando todas as outras condições. Portanto, se houver complicações, todas estas condições devem ser devidamente tomadas em consideração.

A ordem do tratamento, os graus de combinações diferentes dos estímulos, a localização exata dos tratamentos, etc. serão explicados posteriormente.

76. O giroscópio humano, máquina de beleza e máquina promotora de saúde nº 3

O aparelho de suspensão (conf. 56), o giroscópio humano e a máquina de beleza, que são chamados as Três Máquinas Valiosas, podem curar ou prevenir quase todas as doenças.

A) O giroscópio humano humano* N.T.

1) Efeitos
Esta máquina normaliza a circulação do sangue, elimina as fezes estagnadas, melhora a digestão e a absorção. Desse modo, pode proteger contra toda sorte de doenças e tem um efeito rejuvenescedor.

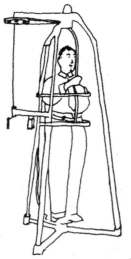

FIG. 60 — GIROSCÓPIO HUMANO

---

* N.T. Atualmente não se usa mais.

No "Estudo da dinâmica da postura e esportes" (publicado em julho de 1940) eu já enfatizei a importância da postura dinâmica ao contrário da postura estática. A teoria e a prática do movimento giroscópico do ser humano e a questão do centro de gravidade são discutidas também nesse livro. Esta máquina resultou deste estudo.

2) Método

Suspenda uma gaiola ou uma cadeira com uma corda passada em uma viga ou use uma máquina como a ilustrada na fig. 60, que é mais prática e segura. Faça uma rotação alternada em ambas as direções durante um minuto (duas voltas na direção dos ponteiros do relógio e duas rotações contrárias ao ponteiro do relógio), a uma velocidade de 20 rotações por minuto, e aos poucos aumente a velocidade para 180 rotações por minuto.

3) *Nota:* Logo que este exercício melhorar a digestão e a eficiência da assimilação, deve-se reduzir a alimentação e comer mais de 200 gramas de vegetais crus.

4) Documentos narrados a partir do estrangeiro:

"L'etat structural de la vie, son organization, c'est-a dire le champ femelle est donc dissymetric, et son origine profonde reside dans une rotation" (O estado estrutural da vida, sua organização, isto é, o campo material é assimétrico e sua origem profunda reside numa rotação) (Pasteur). A vida é captada dos movimentos rotativos e sobrevém da assimetria e do desequilíbrio. Todos os animais vivos divertem-se na vida virando e girando. O homem também gosta de dançar, saltitar e girar como as abelhas.

B) A máquina de beleza* N.T.

1) Efeito

A máquina da estímulos vibratórios na cabeça e nos rins acelera as atividades dos vasos capilares da cabeça, cura radicalmente doenças dos olhos, ouvidos, nariz, assim como dor de cabeça, tumor cerebral, vasos sangüíneos rompidos e normaliza a função renal. Também embeleza a pele do rosto.

---

* N.T. Atualmente não se usa mais.

FIG. 61 - MÁQUINA DE EMBELEZAMENTO

Os membros inferiores se tornam fortes, flexíveis com a prática do exercício de pedalar. Isso também provoca uma ação de bombeamento das veias safenas.

2) Método

Usando a máquina como ilustra a fig. 61, pedalando na direção contrária, reforça-se o efeito do exercício.

A máquina da saúde da Medicina Nishi também provoca estímulos. Você senta-se em frente da máquina e aperta os cintos para apoiar a cabeça e os quadris para vibrá-los.

3) Nota

Beba um ou dois copos cheios de água antes de fazer o exercício.

Embora o exercício possa até provocar dor de cabeça, deve-se continuar porque é sinal de cura do tumor cerebral. A dor começará a diminuir no devido tempo.

A duração do exercício é de 3 a 6 minutos.

Almofadas colocadas embaixo das costas e das nádegas protegem da dureza da madeira. Os quadris devem ficar completamente em contato com a madeira.

C) O promotor de saúde nº 3

Com esta máquina você pode fazer simultaneamente os três exercícios: a suspensão, o exercício de peixe dourado, o exercício capilar, e aumentar os efeitos de cada exercício. Esta máquina é tão efetiva como as três poderosas máquinas integradas numa só.

77. Sobre a vida

"Aquele cujos cinco elementos se tornarem exauridos sem sofrimento morrerá.

Aquele cuja natureza se deteriora sem sofrimento morrerá.

Aquele que de repente se torna delirante sem sofrimento, morrerá.

Aquele que de repente não profere nenhuma palavra, sem sofrimento, morrerá.

Aquele que se torna sufocado sem sofrimento, morrerá.

Aquele que se torna tenso sem sofrimento, morrerá.

Aquele que de repente se torna cego sem sofrimento, morrerá.

Aquele que de repente se torna inchado no abdômen sem sofrimento, morrerá.

Aquele que fica com prisão de ventre sem sofrimento, morrerá.

Aquele cujo pulso torna-se imperceptível, sem sofrimento, morrerá.

Aquele que de repente torna-se obscuro, inconsciente, sem sofrimento, morrerá.

Primeiro a energia torna-se exausta dentro e fora do corpo. Aquele que se opõe a isto morrerá.

Aquele que se adapta a isto, sobreviverá.

Nada é algo que vive."

Isto é extraído do *O Princípio Fundamental da Vida e Morte*, de Kada Shin-u Hiden (Segredos dos Grandes Médicos). Como Kada disse, a vida adapta-se à natureza, enquanto que a morte vai contra ela. A Medicina Nishi objetiva acomodar a civilização (contra a natureza) à natureza no mais íntimo recesso da vida.

Marcel Prenant, um biologista francês, diz:

"Le fait essentiel de la biologie, que seul peut expliquer le maintien de la vie sur terre, est la puissance de la expansion de la matière vivante". O fato essencial da biologia, que sozinho pode explicar a conservação da vida sobre a terra, é a força da expansão da matéria viva!

O ditado acima pode ser resumido na seguinte frase: "A expansão da força natural é a força vital".

Uma vez que você se torna satisfeito, você perde esta expansão da força vital. Isto é o primeiro passo para a morte. Devemos sempre envidar esforços para nos tornarmos melhores e progredir. Devemos sempre sugerir a nós mesmos que podemos nos tornar infinitamente melhores, mais hábeis e mais virtuosos, tanto espiritual como fisicamente. Agindo assim, podemos nos aproximar do homem ideal, cujo nome é divindade.

Sakya disse que há cinqüenta e dois graus entre o homem comum e Buda. É verdade sobre a questão de saúde. Há inúmeros graus entre a saúde real e a condição de morte, num coma, no limite da morte ou num estado de síncope. Jamais homem algum em tal estado mantém seu próprio e peculiar (anormal) equilíbrio como um simples todo, o que é considerado como um grau de saúde. Doenças são outros nomes dados temporariamente àqueles graus de saúde. Portanto, não há nada senão os esforços manifestados pelos organismos vivos para recuperar a saúde verdadeira.

De outro ponto de vista, isto é a opção da força de expansão, isto é a vitalidade.

Já foi dito que as coisas perfeitas muitas vezes vêm sob a influência de um mau espírito. Isto acontece porque a satisfação põe um fim à expansão da força vital. Por esta razão, como eu sempre defendi, todas as coisas devem ter um defeito. Guyaku Daishi, grande professor do Budismo, disse no sétimo volume do seu "Iodo Juyo" (Dez condições para o Céu), como segue:

"Por causa disso não se deve desejar, fora o amor-próprio, ter saúde perfeita. Aquele que não tem nenhuma doença tornar-se-á ansioso. Aquele que é ansioso inevitavelmente desobedecerá aos ensinamentos de Buda e não seguirá o caminho reto. A doença não pode atormentar aqueles que entendem sua natureza real que é Sunyata. Podemos conseguir bom remédio através de uma doença dolorosa.

Podemos dizer que aqueles que "podem conseguir um bom remédio através de uma doença dolorida" atingiram a consciência espiritual. Sakubashira, um travesseiro invertido do Yomeimon de Nikko, simboliza os desejos de maior magnitude e desenvolvimento do Santuário.

Aqui temos uma passagem do *Ronsushi*: "O paciente que acha a água saborosa será salvo por ela. Aquele que gosta de gelo será curado por ele. O desejo do paciente não deve ser nem muito reforçado nem proibido severamente. Portanto, satisfazendo razoavelmente o desejo do paciente proporcionaremos a ele melhor saúde e cura de sua doença, seja qual for".

Vendo o que o paciente realmente necessita, ofereça-lhe o meio de curar sua doença e ele recupera a saúde. O corpo perde água, sal e vitamina C através da transpiração. Deve-se recuperar essas substâncias porque o corpo doente necessita delas. A ingestão de água depois da diarréia é necessária pela mesma razão. No entanto, nosso longo tempo de vida fora do natural entorpeceu a real necessidade do organismo vivo. Portanto, inconscientemente, profanamos a natureza, de modo que caímos e encurtamos nosso natural tempo de vida.

O princípio e a prática da Medicina Nishi objetiva a recuperação desta sensibilidade natural através da reforma nacional de nosso meio de vida. Então estaremos não somente salvos de termos quaisquer perigos vitais em nossa vida diária, mas também ficamos distantes deles. Em outras palavras, a Medicina Nishi visa atingir seus seguidores excessivamente sensitivos a qualquer coisa que ameace sua saúde, ante a insensibilidade das pessoas modernas.

Todos os métodos explicados neste livro são meios de contrabalançar os distúrbios vindos de um meio de vida não natural para se adquirir a natural sensibilidade para a proteção da saúde.

78. Conclusão

"*Idan*", o livro médico escrito por Gen-itsu Isuruoka para tornar conhecida a teoria e opinião de seu mestre Todo Yoshimasu, diz o seguinte:

"Vida e morte. A morte e a vida são providenciais. É somente o Céu que decide isso: Como pode um remédio permitir que o homem viva ou morra? Mesmo a benevolência não pode prolongar a vida. A intrepidez não pode despojar a pessoa de sua vida. A inteligência não pode medir a vida. A arte mecânica não pode salvar a vida. No entanto, a morte causada por uma doença não é providencial. As doenças são curadas com drogas. A medicina nada tem a ver com a vida ou a morte, mas ela lida com doenças.

"Assim, meu mestre ensinou-nos a fazer o melhor e deixar o resto com o Céu. No entanto, se pudermos fazer o melhor, como podemos deixar o resto com o Céu? Se a medicina é impotente para delinear a doença de um paciente e se as drogas são ineficazes para isto, sua morte não pode ser chamada de providencial. Ao contrário, se os remédios antigos são aplicados, os tratamentos conforme as regras de Chukei e se o paciente, apesar de tudo, morre, sua morte é providencial. Somente então podemos nos sentir envergonhados de deixar a decisão para o Céu."

"Se a aplicação da Medicina Nishi falhar na salvação de um paciente, ela é providencial ou alguma coisa está faltando em sua prática. A falta de consentimento e entendimentos entre o paciente e aqueles que estão próximos dele é o fator mais grave. Comer demais vem em seguida. Eu nunca vi paciente se recuperar de uma grave doença enquanto come demais. Principalmente um paciente recuperando-se de encefalomalácia, hemorragia cerebral ou diabetes é tentado a comer demais na convalescença. É lamentável que a doença não possa ser curada porque este hábito não pode ser evitado. "Portanto, a prevenção das doenças é o objetivo deste livro. Se você conseguir superar uma doença e manter sua saúde, este livro alcançou seu propósito imediato."